Moritz Hay

Die animale Vaccination

Moritz Hay

Die animale Vaccination

ISBN/EAN: 9783744637657

Hergestellt in Europa, USA, Kanada, Australien, Japan

Cover: Foto ©berggeist007 / pixelio.de

Weitere Bücher finden Sie auf **www.hansebooks.com**

Die

Animale Vaccination

von

MORITZ HAY

Impfarzt in Wien.

WIEN 1886.

Im Selbstverlage des Verfassers

IX. Bezirk, Alserstrasse Nr. 18.

Inhalt.

Anhang.

I. Die Leistungen meines Institutes für animale Vaccination.

In die Mitte der Fünfziger-Jahre unseres Säculums fällt sozusagen die Geburtszeit der animalen Vaccination. Seit dieser Zeit bis auf den heutigen Tag hat dieselbe einen mächtigen Aufschwung genommen, die Vaccination mit humanisirter Lymphe weitans überflügelt und steht zu erwarten, dass die Letztere voraussichtlich in nächster Zeit vollständig verdrängt sein werde.

Die nächste Veranlassung, welche zur Einführung der animalen Vaccination drängte, war, gegenüber der Erkentniss von der hohen Bedeutung der Vaccination als Schutzmittel vor den Blattern, die für zahlreiche Fälle constatirte Uebertragung gewisser Krankheiten durch Vaccination mit humanisirter Lymphe; zunächst die Uebertragung der Syphilis, dann der Scrophulose und der Tuberkulose. Was insbesondere die Uebertragung der Syphilis anlangt, so ist die Möglichkeit derselben trotz Beobachtung aller Cautelen nicht ausgeschlossen. Ich verweise in dieser Beziehung auf die zahlreichen in der Literatur verzeichneten Fälle [1]).

Wenn auch der Streit über die Möglichkeit der Uebertragung der genannten Krankheiten durch die Vaccination heute noch nicht zu Ende geführt ist, so ist er durch die Einführung der animalen Vaccination gegenstandslos geworden.

Trotz des von vornherein evidenten Vorzuges der animalen vor der humanisirten Lymphe, ein Vorzug, der ja gerade zu ihrer Einführung Veranlassung gab, hat es eines verhältnissmässig langen Zeitraumes bedurft, ehe es der animalen Vaccination gelungen ist, sich bei den Aerzten und im grossen Publicum Eingang, Vertrauen und Verbreitung zu verschaffen: sie hatte zunächst das Vorurtheil, das jeder Neuerung entgegengebracht wird, zu überwinden, die Aerzte mussten sich weiters mit der Technik der animalen Vaccination vertraut machen, welche sich in manchen Punkten von der bis dahin üblichen unterscheidet, und endlich musste, was die Hauptsache ist, für die Herstellung animaler Lymphe in tadelloser Qualität und ausreichender Quantität Vorsorge getroffen werden.

Noch in den letzten Jahren entstand der animalen Vaccination eine mächtige Gegnerschaft in der durch die neuesten Forschungen sichergestellten Identität der Perlsucht der Thiere mit der Tuberkulose. Heute aber können die oben aufgestellten Postulate im Wesentlichen als erfüllt bezeichnet werden. Das Vertrauen der Aerzte und des Publicums zu der animalen Lymphe ist vorhanden, und die Aerzte haben sich mit der Technik der animalen Vaccination vertraut gemacht. Der Erfüllung der letzten Forderung, Herstellung animaler Lymphe in tadelloser Qualität und ausreichender Quantität, ist seit einer Reihe von 14 Jahren meine ausschliessliche Thätigkeit gewidmet. Im Jahre 1873 habe ich mich nach langjährigem Versuchen und Experimentiren, nachdem ich bis dahin durch eine lange Reihe von

---

[1]) „De la Syphilis vaccinale" von Dr. Viennois in Lyon, Paris 1865. — „Zur Uebertragung der Syphilis durch die Schutzpockenimpfung" von Dr. Heyd in Stuttgart 1867. — Klebs: Vortrag, gehalten im Vereine der Aerzte Niederösterreichs in der Sitzung am 17. April 1878, „Wr. med. Wochenschr." Nr. 8. — Gerichtsverhandlung zu Cöln 1872, Hamburg 1873 und Frankfurt a. d. Oder 1878.

Jahren die Vaccination mit humanisirter Lymphe cultivirt habe, entschlossen, von da ab ausschliesslich animale Lymphe in Verwendung zu ziehen. Neapel, resp. den dortigen Aerzten Dr. Galbiati. Troja und jetzt Negni, gebührt das Verdienst, schon vor 60 Jahren die directe Abimpfung von dem Kalbe dort eingeführt und seither ununterbrochen fortgeführt zu haben; erst von Italien aus gelangte sie aus Anlass einer Discussion über die Uebertragbarkeit der Syphilis in der Akademie zu Paris im Jahre 1864 durch Dr. Lannoix, der nach Neapel ging, um diese Methode daselbst zu studiren, nach Paris, und von hier nach Berlin und Brüssel im Jahre 1865, nach Petersburg 1868, Moskau 1869, Hamburg, Utrecht, Haag, Rotterdam und Amsterdam im Jahre 1870, nach Jaroslau 1873, nach Wien 1877, endlich nach London 1878.

Ich selbst habe mich der Cultivirung dieses Zweiges der Medicin zu einer Zeit gewidmet, wo wegen des mangelnden Vertrauens zur animalen Vaccination ein grosser Muth dazu gehörte, ich that es aber in der festen Ueberzeugung, dass ihr die Zukunft gehöre. In dieser Ueberzeugung habe ich mich nicht getäuscht. Nächst der Unterstützung, die mir seit dem Jahre 1879 von Seite der hohen Regierung zu Theil geworden ist, habe ich dieser unerschütterlichen Ueberzeugung die schliesslichen Erfolge zu danken, deren mein Institut sich erfreut, denn diese Ueberzeugung hat mich die zahlreichen Schwierigkeiten, die mit der Gründung meines Institutes verbunden waren, überwinden lassen.

Im Laufe der Jahre ist es mir gelungen, durch Opfer an Mühe, Zeit und Geld mein Institut zu einem solchen zu gestalten, welches selbst den rigorosesten Anforderungen zu entsprechen, und Lymphe in tadelloser Qualität und in jeder durch die Umstände geforderten Quantität zu liefern in der Lage ist. Der sprechendste Beleg für das stets wachsende Zutrauen zu meinem Institute liegt in den mit jedem Jahre steigenden Leistungen desselben.

Die nachfolgenden Tabellen werden einen ziffermässigen Ueberblick über die Leistungen meines Institutes seit 13 Jahren geben.

Jahr-gang	Abgegeb. wurden Impfstoffportion. (Phiolen und Nadeln)		Anzahl der vorgenommenen Impfungen und Revaccinationen	Anmerkung
	für die öffentl. Impfungen (Abnahme vom Kalbe unt. ämtl. Contr.)	für Privat-Impfungen		
1873	—	184	2040	In meinem früheren Wohnorte als Amts-Impfarzt zu Jaroslau in Galizien.
1874	—	803	2325	
1875	- -	1120	1760	
1876	.	1895	1800	
1877	—	2747	1410	Seit Juli 1877 in Wien.
1878		1000	442	
1879	1115	1314	546	
1880	2130	7511	562	
1881	2780	9147	890	
1882	3696	10683	1875	Wien.
1883	3462	9459	702	
1884	3443	9669	559	
1885	5013	11543	6024	

Uebersicht

der Kuhpockenstoff-Bestellungen, welche in den Jahren 1880 bis 1885 durch mein Institut ausgeführt wurden.

Post-Nr.	Bestimmungsort	Abgegeb. wurden Impfstoffportionen (Phiolen und Nadeln) im Jahre					
		1880	1881	1882	1883	1884	1885
1.	Allerhöchster Hof . .	32	—		- -		844
2.	K. k. n. ö. Staathalterei	2130	2780	3696	3462	3443	5013
3.	Wien	1345	1620	1559	868	912	4128
4.	Niederösterreich . . .	562	324	419	338	230	312
5.	Oberösterreich	520	650	722	359	231	296
6.	Salzburg . .	80	150	203	173	210	159
7.	Steiermark	82	100	183	162	240	202
8.	Kärnten und Krain .	89	113	298	308	162	210
9.	Küstenland	193	241	211	220	260	231
10.	Dalmatien	22	212	170	204	350	290
11.	Tirol und Voralberg	99	164	254	200	252	286
12.	Böhmen	413	460	519	1126	1106	648
13.	Mähren	498	310	300	268	380	260
14.	Schlesien	68	190	233	150	292	266
15.	Galizien	708	675	720	450	884	818
16.	Bukowina . . .	73	153	212	269	250	200
17.	Ungarn . .	1176	1637	1502	1768	1800	932
18.	Rumänien . . .	953	846	857	625	300	240
19.	Serbien	97	130	421	265	150	191
20.	Russland	224	572	500	155	128	—
21.	Schweiz	203	520	479	602	540	620
22.	Bosnien	46	60	480	203	422	160
23.	Aegypten	28	20	50	—	- -	-
24.	Griechenland			400	746	300	250
25.	Italien					150	—
	Summa	9641	11927	14379	12921	13112	16556

Was insbesondere die Leistungen meines Institutes im abgelaufenen Jahre betrifft, so ist hierüber Folgendes zu berichten:

Im Jahre 1885 wurden in meinem Institute 6024 Personen mit animaler Lymphe geimpft, und zwar wurden vorgenommen: Erstimpfungen 1364. Revaccinationen 4660. Von den Erstimpfungen waren 1307 mit. 13 ohne Erfolg; wegen Nichterscheinens blieben ohne Revision 44 Impflinge; von den Revaccinirten ergab sich bei 2332 Personen vollständige Haftung, ohne Haftung waren 285, zur Revision sind nicht erschienen 2043 Individuen, somit ist der Erfolg bei diesen unbekannt.

Die Erstimpfungen beziehen sich zumeist auf circa 1 Jahr alte Kinder aus der Stadt, den Vorstädten und Vororten.

Der Revaccination unterzogen sich Personen aus allen Ständen: dem Adel-, Militär-, Beamten-, Gelehrten-, Bürger- und Arbeiterstande, überdies 1512 Soldaten der hiesigen Garnison, 1306 Mitglieder der Wiener Sicherheitswache und 90 Pfleglinge der Irrenanstalt.

Nach auswärts wurde die animale Lymphe theils in Phiolen (Pasta-Lymphe), theils auf imprägnirten Lancetten abgegeben, und zwar:

1. Für Se. k. und k. Hoheit den durchlauchtigsten Kronprinzen von Oesterreich, Erzherzog Rudolf und Ihre k. und k. Hoheit die durchlauchtigste Kronprinzessin Stefanie zu Händen des Leibarztes Herrn Dr. Auchenthaler 2 impräg. Lancetten; für den Hofstaat des durchlauchtigsten Kronprinzenpaares 15 Phiolen Pasta-Lymphe.

2. An die k. k. Hofburg zur Impfung des Gesammtpersonales des k. k. Hofstaates durch die Herren k. k. Leib- und Hofärzte 594 Phiolen Pasta-Lymphe und 244 Lancetten.

3. An die hohe k. k. Statthalterei zum Zwecke der öffentlichen unentgeltlichen Sommer-Impfungen, sowie auch zur Vornahme von Nothimpfungen und Revaccinationen beim Auftreten von Blatternepidemien in Wien und Niederösterreich 870 Phiolen Pasta-Lymphe und 4143 Lancetten.

4. An den löblichen Magistrat in Wien zu Händen des Herrn Stadtphysikus S.-R. Dr. Kammerer zum Zwecke der vorzunehmenden Nothimpfungen und Revaccinationen 1503 Phiolen Pasta-Lymphe.

5. Für sonstige Körperschaften, Private, k. k. Militär- und Civilärzte des In- und Auslandes, ferner für öffentliche unentgeltliche Impfungen in Wien, als: an die allgemeine Poliklinik, an das St. Anna-Kinderspital, Erzherzogin Maria Carolinen-Kinderspital, an die n.-ö. Landes-Irrenanstalt 8328 Phiolen Pasta-Lymphe und 857 Lancetten.

Diese Zahlen sprechen deutlich von der Thätigkeit meines Institutes und der jüngst erschienene Bericht des Landes-Sanitätsrathes [1]) wie der Impfbericht des Wiener Magistrates pro 1883—1884 zeugen von dem Grade des allseitigen Vertrauens der Aerzte und des Publicums zu meinen Lymphpräparaten.

Während noch im Jahre 1879 die Mehrzahl der Herren Amts-Impfärzte der animalen Lymphe gegenüber sich ganz gleichgiltig, um nicht zu sagen ablehnend, verhielt, stieg im Jahre 1882 ihr Verlangen bis auf 3696, im Jahre 1883 auf 3462, im Jahre 1884 auf 3443, endlich im Jahre 1885 auf 5013 Impfstoffportionen, gegenüber dem Jahre 1879, wo blos 1115 imprägnirte Nadeln von ihnen in Verwendung gebracht wurden.

Die Tragweite dieser Thatsache lässt sich am besten aus den Berichten des Wiener Stadtphysikates über die Jahre 1879—1885 ersehen. Während man bis dahin noch von einem Verfalle der Impfung,

---

[1]) Comité-Referat dem n.-ö. Landes-Sanitätsrathe erstattet in der Sitzung vom 17. December 1883 durch den Lds.-San.-Rath Primararzt Dr. Oser in Wien: Ueber den Werth der verschiedenen Impfstoffgattungen aus dem staatlich subventionirten Hay'schen Kuhpocken-Impfinstitute in Wien.

von einem Mangel an verlässlicher Anfangslymphe, von einer verzögerten Nothimpfung und Revaccination, von einer „begründeten" Besorgniss vor Uebertragungskrankheiten sprechen musste, liest man gegenwärtig in den oben erwähnten officiellen Berichten, dass das Gesammtresultat der Impfung nach jeder Richtung hin ein sehr günstiges war. — So heisst es beispielsweise in dem Jahresberichte des Wiener Stadtphysikates pro 1880.[1]) Seite 54:

„Die von Jahr zu Jahr stetig zunehmende Zahl der Impfungen mit animaler Lymphe gibt ein beredtes Zeugniss ab, dass das Vertrauen in diese Impfart sowohl bei den Aerzten und im Publicum immer grössere Kreise zieht, und wahrlich, wie aus den vorliegenden Berichten ersichtlich ist, nicht in ungerechtfertigter Weise. Das Resumé der Erfahrungen sämmtlicher Herren Berichterstatter über die Impfung mit animaler Lymphe überhaupt, und ganz speciell mit der vom Herrn Moritz H a y gelieferten, gipfelt darin, dass der Erfolg derselben, was Haftbarkeit anbelangt, bestimmt nicht ungünstiger, als der nach Impfung mit humanisirter Lymphe ist."

Der Bericht pro 1885 wird constatiren, dass im letzten Jahre die grösste Zahl von Impfungen mit animaler Lymphe seit dem Bestande des animalen Impfinstitutes vorgenommen wurden, was zum Theile auch durch die Blatternepidemie hervorgerufen wurde.

Die Zunahme der Zahl der Impfungen überhaupt lässt sich zum grossen Theile durch die Zunahme des Vertrauens zur animalen Lymphe erklären, und dieses Vertrauen lässt sich eben auf die beobachteten Erfolge, auf die Sicherheit vor Uebertragung von Krankheiten und die Sicherheit in der Haftung zurückführen. Die Cultur der animalen Vaccine hat nicht nur darum, weil sie stets in jeder geforderten Quantität zur Verfügung stand, was ja von der humanisirten Lymphe nicht behauptet werden kann, sondern auch darum die Vornahme von Massenimpfungen ermöglicht, weil ein grosser Theil der Bevölkerung sich zu Impfungen mit humanisirter Lymphe erfahrungsgemäss nicht herbeilässt. Insbesondere gilt dies von Revaccinationen.

An der Gesammtzahl der in den letzten 3—4 Jahren in ganz Wien vorgenommenen Impfungen participiren die Impfungen mit animaler Lymphe nur mit circa 12—15%, im Jahre 1883/84 hat sich dieser Percentsatz auf mehr als 32% erhoben; der Hauptbericht des Stadtphysikates für das Jahr 1883/84 sagt nämlich:

„Aus dem summarischen Ausweise ergibt sich, dass der animale Impfstoff in 4306 Fällen, und zwar 3544 Mal in flüssiger und 762 Mal in trockener Form zur Anwendung gelangte, der humanisirte dagegen in 9160 Fällen und hiebei 9157 Mal in flüssiger und 3 Mal in fester Form. Bei 22 Impfungen fehlt eine bestimmte Angabe des verwendeten Impfstoffes."

Für das abgelaufene Jahr stellt sich dieses Verhältniss noch günstiger, indem von circa 36.000 Impfungen über 15.000 mit animaler Vaccine geimpft wurden.

Der P e r c e n t s a t z d e r v o l l s t ä n d i g e n H a f t u n g bei den von mir in meiner Anstalt mit Kalblymphe vorgenommenen Impfungen, und zwar sowohl bei Entnahme des Stoffes direct vom Kalbe, als auch bei Benützung auf Beinnadeln eingetrockneter oder in Pulverform verriebener,

---

[1]) Siehe den Jahresbericht des Wiener Stadtphysikates pro 1880 und sämmtliche folgende Jahrgänge.

oder auch in Pastaform präparirter flüssiger Lymphe, beziffert sich mit 97—98% bei Erstimpfungen und bis 82% bei Revaccinationen

Hiezu muss aber bemerkt werden, dass in meiner Anstalt sowohl bei der Vaccination als Revaccination stets der erste Impfgang als der massgebende zum Zwecke der Bestimmung des Haftungspercentes notirt wird, zum Unterschiede von dem in anderen Instituten gebräuchlichen Modus, erst nach drei Impfgängen das Haftungspercent zu berechnen. Es ist leicht einzusehen, dass bei diesem Modus sich ein gesteigertes Haftungspercent herausrechnen lässt, denn in einer nicht geringen Zahl von Fällen wird bei dem zweiten oder dritten Impfgange Haftung erzielt, wenn der erste und zweite fehlgeschlagen haben.

Im Punkte der Haftbarkeit lässt demnach die animale Lymphe nichts mehr zu wünschen übrig; doch auch bezüglich der Haltbarkeit kann dasselbe behauptet werden, indem die Wirkungsdauer auf Grund von viele Jahre hindurch theils ämtlich, theils privat angestellten Versuchen, als eine 1—2 Monate lang anhaltende festgestellt wurde.

Ich komme übrigens weiter unten auf dieses Moment nochmals zurück.

Auch bezüglich der Entwicklung und des Verlaufes der mittelst animaler Lymphe erzeugten Vaccinepusteln dürften die mit meiner Lymphe erzielten Erfolge, resp. die hohen Orts eingeleitete Controle manche vorgefasste Meinung und falsche Beurtheilung, bezüglich der verspäteten oder verzögerten Pustelentwicklung[1]) verscheucht haben.

Rothlauf, Lymphadernentzündung oder Geschwürsbildung und andere der animalen Lymphe noch immer nachgesagte Eigenthümlichkeiten habe ich nicht beobachtet und dürften derlei unangenehme Zwischenfälle auch den Herren Aerzten in Wien und auf dem Lande, bei nur einiger Vorsicht in der Manipulation erspart geblieben sein.

Was hingegen die stärkere, locale und allgemeine Reaction, die gewöhnlich als Rothlauf bezeichnet wird, anbelangt, die mit dem 12. Tage der Impfung ihren Höhepunkt erreicht und dann in der Regel ohne Zuthun rasch abnimmt, so muss diese als eine der wesentlichsten Bedingungen für die Berechtigung angesehen werden, die Impfung als gelungen zu betrachten.

Ich kann mich nämlich bei der Erstimpfung mit einer, wenn auch charakteristischen Pustelbildung überhaupt ohne allgemeine und locale Reaction nicht zufrieden stellen, zumal von Impfgegnern immer wieder das Beispiel angeführt wird, dass sogar Impfungen mit Brechweinstein (sogenannter Pockensalbe) gemacht wurden, welche bei ihrer Weiterimpfung pockenähnliche Efflorescenzen zu Tage treten liessen, und ans welchen angeblich mit Haftung auch durch längere Zeit fortgeimpft wurde.

Nicht in der gelinden Pustelentwicklung, wie wir sie, durch eine durch viele Tausende von Generationen abgeschwächte, menschliche Lymphe bedingt, zu sehen gewohnt sind, liegt meiner Ansicht nach der Effect der Vaccination, derselbe beruht vielmehr „in der Quelle, aus der die entstandene Pustel zu Tage trat, in dem Ergriffensein des ganzen Blutsystems, in der vollständigen Durchseuchung des Individuums"[2]),

---

[1]) Oesterr. Jahrb. für Pädiatrik 1871, dortselbst 1872, II. Bd.

[2]) Prof. Bohn, Handb. der Vaccination, Leipzig 1875; Pfeifer in Gerhard's Handb. für Kinderkrankheiten, I., pag. 621. Hufeland's Journal v. J. 1841, IV. Bd., pag. 92.

In dieser Beziehung unterscheidet sich der locale Effect mit der Vaccine wesentlich von den acuten, typischen Exanthemen. Während das leichteste Scarlatina-Exanthem oder leichte Morbillen denselben pathologischen Werth rücksichtlich der Durchseuchung des Individuums, haben, wie die vollentwickelte Krankheit, kommt es bei der Vaccine durchaus auf eine gewisse Intensität des Processes an. (Bohn.)

Sei nun die Kuhpocke das Product einer durch den Thierorganismus mitigirten Variola humana, oder sei sie eine den Kühen eigenthümliche Krankheit sui generis.[1] Thatsache ist es, dass das Variola- und das Vaccine-Contagium identisch sind, eine und dieselbe pathologische Krankheit repräsentiren und eine und dieselbe Krankheit erzeugen.

Rücksichtlich der Erfolge mit der animalen Lymphe begnüge ich mich aber nicht damit, lediglich meine eigenen diesbezüglichen Erfahrungen und Erlebnisse hier zur Sprache zu bringen, sondern ich will das einstimmige Urtheil hochberühmter Männer, wie Ceely, Bousquet, Steinbrenner u. v. A.[2] anführen, welche mit einer Präcision, die keinen Zweifel übrig lässt, constatiren, dass die Vaccination mit Kuh-Lymphe bessere Resultate in Bezug auf Schutzkraft aufweist, und ausdrücklich erklären, kein einziges der von ihnen mit animaler Lymphe geimpften Individuen, trotz aufgetretener Blatternepidemien, mit Blattern inficirt gesehen zu haben. Sie schreiben diesen Erfolg ausschliesslich dem höheren Grade der allgemeinen und localen Reaction bei der Vaccination mit animaler Lymphe zu.

Das zuverlässigste Zeugniss aber über den Werth der von meinem Institute gelieferten Lymphe liegt in dem von Herrn Sanitätsrath Prof. Dr. Oser im niederösterreichischen Landessanitätsrathe am 17. December 1883 erstatteten Referate, welchem ich Folgendes entnehme:

Die hohe Statthalterei hatte ein aus den Professoren Nowak, Oser und Wedl bestehendes Comité mit dem Auftrage eingesetzt, eine eingehende Prüfung der Haftbarkeit und Haltbarkeit der verschiedenen Impfstoffgattungen aus meinem Institute vorzunehmen.

„Diese Prüfung erstreckte sich auf:

1. Die Abimpfung vom Kalbe.
2. Die Impfstoffsammlung.
3. Die Art der Aufbewahrung des Impfstoffes.
4. Die Impfung an Kindern.
5. Die Resultate der Impfung nach den Kategorien und dem Alter des Impfstoffes.
6. Den Verlauf des Impfprocesses.

Am 5. Tage nach der Einimpfung des Kalbes wurde der Impfstoff gesammelt, entweder als flüssige Lymphe in Phiolen oder durch Abschaben der Pockenpustel, bei welcher Procedur ausser der flüssigen Lymphe auch Gewebstheile mitgenommen wurden. Die in der letztgenannten Weise gewonnene Lymphe wurde entweder auf Beinlancetten

---

[1] Prof. Bollinger in Volkmann's Sammlung. klinischer Vorträge 1877.
[2] Von Bulmening's Ergebnisse des bayerischen Impfgesetzes, Leipzig 1867; Bericht über internat. Congress der med. Wissenschaften. IV. Sitzung. Brüssel 1875; Bollinger S. 16, 36 u. 44. Ceely: Observat. on the Variola Vaccina 1840. — Württemberg, Impfgesetz vom 25. Juni 1818.

eingetrocknet (Trockenlymphe), oder mit Glycerin vermengt, und zwar wieder auf zweierlei Art: entweder die mit Gewebstheilen vermengte Lymphe wurde fein verrieben und mit Glycerin vermengt in Phiolen abgezogen (Glycerinlymphe), oder unverrieben, mit Glycerin vermengt, in kleinen gut verschliessbaren Epronvetten aufbewahrt (Glycerinpasta). Das Datum der Abimpfung wurde genau bezeichnet, der Impfstoff vom Referenten verwahrt und zur Verimpfung hergegeben, so dass das Alter des Impfstoffes immer genau angegeben werden konnte. Man hatte demnach zwei Hauptkategorien von Impfstoff, die rein flüssige und die mit Gewebstheilen vermengte Lymphe, welche wieder in drei verschiedenen Arten verwendet wurde: als Trockenlymphe, als Glycerin-pasta und als Glycerinlymphe.

Die Impfung der Kinder wurde im Gemeindehause des VIII. Wiener Gemeinde-Bezirkes in der Zeit vom 13. Juni bis 5. September von den öffentlichen Impfärzten und unter Controle der Comité-Mitglieder ausgeführt.

Die Resultate der Impfung waren folgende:

I. Es wurden im Ganzen **173** Impfungen ausgeführt an 13 Impftagen. Haftungen 143, Misserfolge 31. Ergibt ein Haftungspercent von **80 %**.

Sieben Impfungen mit 7 Misserfolgen sind in Abrechnung zu bringen und zwar bei Nr. 17, Leopoldine Löhner, welche am 24. Juni und 4. Juli mit trockener Lymphe und später und zwar am 11. Juli mit Glycerinlymphe und am 1. August mit Pasta geimpft wurde. Später stellte sich heraus, dass das Kind geblattert hatte. Dasselbe war der Fall bei Nr. 94, Alois Srsen und bei Leopold Hora, der am 29. August und 5. September ohne Erfolg mit Pasta geimpft wurde. Nach Abzug der 7 Fälle ergibt sich: 166 Impfungen mit 142 Erfolgen, also **85 %** Haftung.

Unter den 166 Impfungen sind 15 Kinder, welche mehreremale geimpft wurden. Bei 12 von diesen Kindern hatte die Schlussimpfung ein gutes Resultat. Nach 25 Impfungen 12 Erfolge. Bringt man dieses Moment als Schlussresultat zur Geltung, so kommen auf 166 Impfungen 154 Erfolge = **92 %** Enderfolg.

II. Resultate nach Impfstoffarten:

a) Flüssige Lymphe 1 Tag alt $\frac{6}{6}$ 100 % Haftung.

Flüssige Lymphe 22 Tage alt $\frac{2}{0}$ 0 % Haftung.

b) Glycerinlymphe:

$$\frac{9 \text{ Impfung}}{7 \text{ Erfolg}} \quad \frac{7}{7} + \frac{29}{25} + \frac{16}{10} + \frac{8}{8} + \frac{11}{11} = 74 \text{ Impfungen.}$$

68 Haftungen = **92 %**, rectificirt 72 Impfungen, 68 Haftungen = **94 %** Haftung

und zwar nach dem Alter des Impfstoffes:

		Impfung	Erfolg
14 tägige Lymphe		9	7
21 „ „		7	7
28 „ „		28	25
30 „ „		10	10
36 „ „		11	11

Man sieht daraus, dass bis 36 Tage sehr guter Erfolg (100%) constatirt wurde bei Glycerinlymphe.

c) Glycerinpasta:

$$\text{Impfung } 11 \quad + \frac{3}{3} + \frac{7}{7} + \frac{5}{5} + \frac{12}{12} + \frac{3}{0} + \frac{5}{1}$$
$$\text{Erfolg } 11$$

Die guten 38 Fälle mit **100%** Erfolg, im Ganzen **86%**, rectificirt 90%.

Nach dem Alter des Impfstoffes:

15 Tage . . . . = 100% Erfolg
22 „ . . . . = 100% „
20 „ . . . . = 20% „
29 „ . . . . = 100% „
35 „ . . . . = 100% „
36 „ . . . . = 100% „
27 „ . . . . = 0% „

Das Alter bis 36 Tage hatte also auf den Erfolg keinen Einfluss.

d) Trockenlymphe:

$$\text{Impfung } 3 \quad + \frac{7}{7} + \frac{8}{5} + \frac{15}{9} + \frac{7}{5} = \frac{40}{29}$$
$$\text{Erfolg } 3$$

72% Erfolg, rectificirt 38 mit 29 Erfolg = **77%**.

Nach dem Alter des Impfstoffes:

1 Tag . . . . = 100%
14 Tage . . . . = 62·5%
18 „ . . . . = 100%
21 „ . . . . = 60%
16 „ . . . . = 71%

Die Impfresultate mit dem Trockenstoffe stehen im Widerspruch mit den in anderen Ländern gewonnenen Resultaten. Die Ursache hiefür liegt aber nicht im Stoff, sondern in der Art der Impfung. Gerade die Versuche des Comités haben klar gezeigt, dass die Art der Impfung, die Geschicklichkeit und Sorgsamkeit, mit der geimpft wird, von wesentlichem Einfluss auf den Erfolg sind.

Wenn wir die Resultate nach den Impfärzten betrachten, so ergibt sich:

Impfarzt A hatte bei 57 Impfungen 44 Erfolge = **77%**.

„ B $\frac{23 \text{ Impfung}}{15 \text{ Erfolg}}$ . . . . . . = **65%**.

„ C $\frac{46 \text{ Impfung}}{41 \text{ Erfolg}}$ . . . . = **83%**.

und rectificirt . . . . . = **89%**.

„ D $\frac{42 \text{ Impfung}}{39 \text{ Erfolg}}$ . . . . . = **95%**.

Mit demselben Impfstoff hatte also ein Impfarzt 95% Erfolg, während ein anderer nur 65 oder 77% hatte. Hier kann somit der Fehler nicht im Stoff liegen, sondern in persönlichen Momenten.

Die Art einer öffentlichen Impfung kann es erklären, wenn das Gesammtresultat nicht ein so günstiges ist, als es sein könnte. Von eigentlichen Impf-Instituten liegen eine grosse Anzahl von Daten vor, welche ein Impfresultat über 99% geben, so für Rotterdam 1876: 99·3%, 1877 99·8, in Amsterdam 1877 100%. Diese Zahlen bezeichnen allerdings zumeist die Endresultate nach wiederholter Impfung.

Voigt in Hamburg hatte 1878 bei Erstimpfung 94·1%, bringt die Percente aber durch 1—3malige Nachimpfung auf 98·8%. Dem gegenüber ist das Resultat 80% und Endresultat 92% gerade kein sehr gutes.

Bei der Verwendung der animalen Lymphe kommt viel auf die persönliche Geschicklichkeit und Geduld an und nur so ist die Verschiedenheit der Resultate bei verschiedenen Impfärzten zu erklären.

Dem Comité lag in erster Linie die Aufgabe vor, die Verwendbarkeit des Hay'schen Impfstoffes in Bezug auf Haftbarkeit und Haltbarkeit zu prüfen, und nach dieser Richtung kann man der genannten Lymphe nur eine gute Qualität nachsagen.

Wenn man die durch den besten Impfarzt gewonnenen Resultate von **95%** Haftung ohne Rücksicht auf wiederholte Impfung constatirt, so ist dies Resultat in Bezug auf den Werth des Impfstoffes ein zufriedenstellendes.

Es ist gewiss, dass bei reicherer Erfahrung und noch grösserer Sorgsamkeit, als sie bei der öffentlichen Impfung möglich ist, mit dem Hay'schen Stoffe ein noch besseres Resultat erzielt werden kann.

Die Reaction war in allen Fällen mit Ausnahme von zweien eine sehr mässige. Nur zweimal war bei der Verwendung von Glycerinlymphe eine stärkere Schwellung, die aber bald wich.

Erysipel oder Phlegmone wurde niemals beobachtet, auch kam es zu keiner unangenehmen Consequenz.

Wenn auch die gewonnenen Zahlen nicht bedeutend sind, so lassen sich doch folgende Schlüsse in Bezug auf die dem Comité vorgelegten Fragen ziehen:

1. Die reine flüssige animale Lymphe ist am allerwenigsten für die Weiterimpfung tauglich. Sie haftet sicher viel schlechter und geht viel leichter in Zersetzung über, als der übrige Stoff. Ihre Verwendung für die Impfung ist deshalb nicht zu empfehlen.

2. Die Impfstoffkategorien aus dem Hay'schen Institute, welche Gewebstheile enthalten, sind haltbar und haftbar sicher bis zu dem Alter von einem Monat.

3. Die Glycerinbeimengung behindert die Haftbarkeit und Haltbarkeit nicht.

4. Die Trockenlymphe gibt ein gutes Resultat, wenn die Procedur bei der Verimpfung eine zweckmässige ist, wenn der Impfstoff gehörig aufgeweicht und fein vertheilt in die Impfwunde eingerieben wird. Selbstverständlich muss dieses Aufweichen in reinem, früher gekochten Wasser geschehen, wie überhaupt bei der ganzen Impfoperation die grösste Reinlichkeit, die Reinigung der Instrumente mit Carbol vor jeder Impfung, das sorgfältige Waschen der Haut, das Abfliessenlassen des Blutes vor der Eintragung des Impfstoffes nothwendig ist."

II. Werth und Bedeutung der animalen Vaccination.

Das Bedürfniss einer gründlichen Reform bei der Beschaffung der Lymphe hat sich schon seit einer Reihe von Jahren den Aerzten und dem Publikum fühlbar gemacht, und ebenso wurde nach vielfachen

Versuchen und sowohl den im In- als Auslande gemachten Erfahrungen erkannt, dass die originäre Kuh-Lymphe dazu berufen sei, allen Calamitäten, die durch die Benützung von humanisirter Lymphe zu Tage treten, in sicherster Weise zu begegnen [1]. Denn die originäre Kuh-Lymphe bietet die höchstmögliche Garantie gegen Uebertragungskrankheiten und gewährt den grösstmöglichen Schutz vor Blattern.

Betrachten wir nun eingehender den Nutzen eines animalen Impfinstitutes für die Gesammtheit sowohl, als für den ärztlichen Stand. Derselbe besteht darin:

1. dass man sich jederzeit eine beliebige Menge von Lymphe zu verschaffen vermag, ein Umstand, der bei dem Ausbruche von Blattern, insbesondere zur Winterszeit, von unschätzbarem Werthe ist;

2. dass der animalen Lymphe eine grössere Schutzkraft vor Blattern innewohnt und dass sie bessere Resultate in Bezug auf Schutzkraft aufweist;

3. dass die Ab impfung von Kindern ganz vermieden wird, wodurch diese vor Blattern eher geschützt bleiben. Nach dem, was früher ausgeführt wurde, halte ich es für ausgemacht, dass die Schutzkraft der Impfung gegen Blattern von der Impfpustel ausgeht. Es muss also die Abimpfung am 8. Tage, vor dem Eintritte der Reaction, zur Zeit, wo noch der Impfprocess localisirt ist, der Schutzkraft nothwendigerweise einen grossen Eintrag thun, weshalb auch die alten Impfverordnungen verlangen, dass nur von einem Arme abgeimpft werde, und dass wenigstens zwei Pusteln unberührt bleiben.

Hingegen gilt es im Haag und in Utrecht als Gesetz, dass in Fällen, wo weniger als vier Pocken zur Entwickelung kommen, die Auto-Revaccination vorgenommen wird, d. h. es wird mit der Lymphe der zur Reife gekommenen Pustel des Impflings dieser nochmals geimpft. Aus dem positiven Resultate der Auto-Revaccination ist der Schluss zu ziehen, dass der Impfling in den Fällen, als eine geringere Anzahl der Impfstiche sich zu Pocken entwickeln und diese überdies noch am 8. Tage entleert werden, nicht als geschützt anzusehen sei;

4. dass die animale Lymphe Garantie bietet gegen Uebertragung discrasischer und infectiöser Krankheiten [2]).

Gerade in der Neuzeit haben sich die zum Theile sehr glaubhaft gemachten, zum Theile selbst in aller Form ämtlich, ja sogar gerichtlich constatirten Fällen von Impfbeschädigungen, insbesondere durch Syphilis, kurz nach erfolgter Impfung bei humanisirter Lymphe gehäuft [3]), wodurch es im hohen Grade unwahrscheinlich wird, dass alle unmittelbar nach der Impfung eingetretenen Gesundheitsbeschädigungen auch ohne die Impfung sich eingestellt hätten.

Es wird zwar behauptet, dass der Impfarzt bei nur einiger Aufmerksamkeit sich unzweifelhaft überzeugen könne, ob eine Lymphe

[1]) Siehe: Kinglake, Med. and phys. journ. by Fothergill and Wart, September 1814; Kensch, Memorabilien der Heilkunde, B. III., 1819; Pieper, Neue Jahrbücher, B. 12, Heft 2; Hufeland's Journal, April 1822; Henke's Zeitschrift. 2. Heft. Erlangen 1830.

[2]) Sacco, Neue Entdeckungen über Kuhpocken. Leipzig 1872; Eimer, Leipzig 1853; Hering, Ueber Kuhpocken an Kühen. Stuttgart 1839.

[3]) Kübner: Die Uebertragung der Syphilis durch die humane Vaccine. Archiv für Dermatologie und Syphilis, 1871; Kodvar: Zur Impfgeschichte von Schleinitz und St. Veit in Steiermark 1870.

rein sei oder nicht, und dafür, dass jeder Impfarzt hierauf sorgsam Acht haben werde, bürge das Strafgesetz. Dem erlaube ich mir aber nur das Urtheil aller Fachmänner entgegenzusetzen, welches dahin geht, dass k e i n e V o r s i c h t s m a s s r e g e l im Stande ist, der Ueber-impfung gewisser constitutioneller Krankheiten vorzubeugen, sobald man sich der menschlichen Lymphe zur Vaccination bedient. So sagt K l e b s : [1] „Ist aber auch nur die Möglichkeit der Uebertragung von Infectionskrankheiten (Syphilis, Scrofeln und Tuberkulose) vorhanden, so tritt an uns die heilige Pflicht heran, die Quellen derselben zu verstopfen".

Die Impfung mit animaler Lymphe ermöglicht es, wie ich bereits oben erwähnte, stets über eine genügende Quantität zu verfügen (Vorzug der Quantität). Das ist bei der humanisirten Lymphe schlechthin ein Ding der Unmöglichkeit, und dieser Uebelstand wird besonders schwer fühlbar, wenn es sich darum handelt, eine ausgebrochene Blatternepidemie im Keime zu ersticken. Es ist klar, dass dies auf einem anderen Wege nicht möglich ist, als durch Vornahme von Massenimpfungen. Und wie könnten diese vorgenommen werden, wenn man sich auf die Anwendung humanisirter Lymphe beschränken wollte? Selbst dann, wenn eine genügende Zahl von Stammimpflingen vor-handen wäre, würde die Ausnützung derselben bei dem Widerwillen der Eltern gegen ein derartiges Beginnen unmöglich sein. Das ist eine Thatsache, die jeder einigermassen beschäftigte Impfarzt bezeugen kann.

Die bisherige, usuelle Beschaffung des Impfstoffes durch Entnahme der Lymphe von den eine Woche zuvor geimpften Kindern geschieht bekanntlich in verschiedenartiger Weise. In Oesterreich durch Bitten und Vorstellungen Seitens der Impfärzte, dass es für das Kind gesünder und besser sei, wenn man ihm den Impfstoff abnimmt. In Deutschland und England wird dieser Zweck erreicht durch Androhung von Geld- oder Arreststrafen. In Russland, Frankreich und Belgien durch gute Bezahlung. Trotz all' dem sehen wir, namentlich bei uns in Oesterreich, dass gerade zur Zeit des dringenden Bedarfes, so bei uns zur Winterszeit, wegen der fast gänzlichen Sistirung der Impfung sich stets und aller-orts ein relativer Mangel an Lymphe fühlbar macht. — Rechnen wir hinzu, dass ein grosser Theil der Bevölkerung eben wegen der Be-sorgniss der Entnahme von Lymphe aus den Pusteln der geimpften Kinder sich der Abimpfung gänzlich entzieht; dass ferner ein grosser Theil der Geimpften — Jene, welche der wohlhabenden Classe angehören — von vornherein bei der Impfung gar nicht in Frage kommt, so verbleibt nach den in dieser Richtung aufgezeichneten Daten im g ü n s t i g s t e n F a l l e d e r z e h n t e T h e i l d e r G e i m p f t e n a l s z u r A b i m p f u n g h a l b w e g s geeignet [2].

Ich sage h a l b w e g s, weil, wollte man zu den bekannten Be-dingungen der Tauglichkeit zur Abimpfung noch auf die jüngst von dem berühmten englischen Kliniker Jonathan H u t c h i n s o n, auf

---

[1] K l e b s, Vortrag, gehalten im Vereine der Aerzte Nied.-Oesterr. Wiener med. Presse Nr. 21.

[2] Jahresbericht der Gesellschaft für Natur- und Heilkunde, Dresden 1877.

Grund gut beobachteter Krankheitsfälle aufgestellten Bedingungen [1]) eingehen, so müsste die bisherige Beschaffungsquelle die Entnahme der Lymphe von den geimpften Kindern ämtlicherseits sofort aus Sanitätsrücksichten gänzlich sistirt werden.

Ich habe oben bemerkt, dass die wohlhabende Classe in der Regel kein Contingent zur Abimpfung stellt, eine Thatsache, die gleichfalls jeder Impfarzt bestätigen kann. Hiedurch erleidet die Auswahl der Stammimpflinge eine sehr bedeutende Einschränkung. Dazu kömmt, dass man es in grossen Anstalten, wie Findelanstalten, öffentlichen Ambulatorien und bei der öffentlichen Impfung, wo doch die grösste Zahl der Impfungen vorgenommen wird, von vornherein nur mit der ärmeren Classe der Bevölkerung zu thun hat, und aus dieser die Anfangslymphe beziehen muss. Diese Quelle der Impfproduction ist aber, wie Jedermann leicht einsieht, keine empfehlenswerthe, denn ihr Materiale sind lymphatische, anämische, rhachitische und scrofulose Kinder. Allerdings hat jeder Arzt die Pflicht, nur von zweifellos gesunden Kindern abzuimpfen, aber wir wissen innerhalb wie weiter Grenzen die „Gesundheit" schwankt, und dass der Arzt, wenn sich zeitweise — und dies geschieht nicht gerade bei drohendem Ausbruch einer Blatternepidemie, sondern regelmässig beim Eintritt der schöneren Jahreszeit, wenn die Impfsaison beginnt, — ein grösserer Bedarf an Impfstoff einstellt, bei der Auswahl der Stammimpflinge nicht immer mit der wünschenswerthen Rigorosität vorgehen kann. Ueberhaupt aber muss die Thatsache festgehalten werden, dass die Entnahme von Lymphe aus den Pusteln des Kindes dem Zwecke der Impfung, wie oben ausgeführt wurde, geradezu abträglich ist. Die Einführung des A b i m p f u n g s z w a n g e s wäre, ganz abgesehen von ihrer, wie ich glaube, rechtlichen Unzulässigkeit, schlechthin eine Schädigung des Impfgeschäftes.

Dr. W a r l o m o n t [2]) äussert sich diesbezüglich folgendermassen: „Haben also dann die Mütter, die sich weigern, ihre Kinder abimpfen zu lassen, unrecht vom Standpunkte der Immunität vor den Pocken, womit sie ihre Kinder versehen wissen wollen? Liegt die Rechtfertigung dieser Weigerung nicht ursprünglich in der Anordnung, die in gewissen Reglements besteht, dass man wenigstens immer eine Pustel schonen muss?" Und ist dieses nicht evident in dem stillschweigenden Uebereinkommen seitens sämmtlicher Impfärzte, den Kindern b e s s e r e r Klientel bei der Entnahme der Lymphe wohlweislich ganz aus dem Wege zu gehen?

Endlich muss noch ein Umstand berücksichtigt werden, der von entscheidender Bedeutung ist. Früher oder später wird es auch in unserem Vaterlande zur Einführung des I m p f z w a n g e s kommen, denn

---

[1]) Die Bedingungen sind:

1. es müssen die Eltern des Lymphspenders dem Impfarzte als gesund bekannt sein;

2. es sollen Erstgeborne zum Abimpfen nicht benützt werden und muss durch die Gesundheit der älteren Geschwister die Abwesenheit von Syphilis bei den Eltern wahrscheinlich gemacht sein;

3. es darf ferner kein Blut übergeimpft werden und ebensowenig das frische Exsudat aus dem Grunde der Impfpocken, welches nach dem Abnehmen der Lymphe noch nachträglich aussickert.

[2]) Deutsche Vierteljahrschrift für öffentliche Gesundheitspflege 1871.

die Wissenschaft stellt unabweislich diese Forderung. Aber diese Forderung wäre unerfüllbar, wenn blos humanisirte Lymphe zur Verfügung stände. Wie wollte man bei Einführung der allgemeinen Impfpflicht den Bedarf an Impfstoff blos mit humanisirter Lymphe decken? Selbst bei Einführung des Abimpfungszwanges wäre dies nicht möglich.

Aber die Einführung des Impfzwanges drängt noch aus einem anderen Grunde zur animalen Vaccination. Wenn der Staat seinen Bürgern eine Pflicht auferlegt, so muss er ihnen auch die Mittel bieten, diese Pflicht zu erfüllen, ohne sich dabei der Möglichkeit auszusetzen, dass ihre Gesundheit Schaden leide. Der Staat, der den Impfzwang einführt, ist auch verpflichtet, für eine g e n ü g e n d e Quantität a b s o l u t v e r l ä s s l i c h e r Lymphe Vorsorge zu treffen.

Ich will nun in Kürze auf die N a c h t h e i l e eingehen, welche man der animalen Vaccination zuschreibt. Es sind drei Momente, welche diesfalls in's Treffen geführt werden :

1. Die angebliche geringere Haltbarkeit und Haftbarkeit.
2. Die heftige Reaction.
3. Die Möglichkeit der Uebertragung thierischer Krankheiten auf den Menschen.

Was den ersten und zweiten Punkt anlangt, so sind dieselben schon im ersten Theile vorliegender Skizze, gelegentlich der ziffermässigen Darstellung der Leistungen meines Institutes in hinreichender Masse gewürdigt worden, und genügt es, wenn ich auf die oben angeführte Aeusserung des Herrn Prof. O s e r als Referenten des Comités hinweise.

Der angebliche Nachtheil der h e f t i g e n R e a c t i o n nach Impfung mit animaler Lymphe ist meiner Ueberzeugung nach nicht nur kein Nachtheil, sondern geradezu ein Vorzug der animalen Lymphe, denn die heftige Reaction allein ist es, welche die stattgehabte Infection des Organismus mit dem Vaccinegifte beweist, und nur in der Infection des Organismus liegt eben die schützende Kraft der Vaccine [1]).

B o h n äussert sich über die heftige Reaction der Impfung :

„Wir werden daher nicht umhin können, diesen Rothlauf, wie er jede legitim verlaufende Impfung begleitet, als zum Wesen des Vaccineprocesses gehörig zu betrachten; weil derselbe stets von den Pockenbläschen (und zwar von allen vorhandenen) ausgeht, muss seine Ursache in diesen eingeschlossen sein, und da er zu einer Zeit sich entwickelt, wo der Bläscheninhalt in seiner specifischen Integrität sich befindet, kann es nur die normale Vaccinelymphe sein, welche diesen Rothlauf anfacht. Die reine klare Lymphe eines echten J e n n e r'schen Bläschens besitzt demnach eine Erysipelas erzeugende Kraft. Sie gleicht auch hierin der Variolalymphe.

Gleichzeitig und parallel mit der vom fünften bis achten Tage erfolgenden Entwicklung des Rothlaufs auf der Haut geht nun ein zweiter, innerer Process, die Infection des Organismus. einher, welcher durch das allmäliche Ansteigen der Eigenwärme gekennzeichnet wird. So müssen wir denn sagen, dass dasselbe Agens, welches die Blut-

[1]) Leo W o l f : Die Gefahren der bisher befolgten Massregeln zur Verbreitung der Kuhpocken. Hamburg 1822; von B u l m e r i c c h : Ergebnisse des bayerischen Impfgesetzes. München 1867; Dr. P r i n z : Wiedererzeugung der Lymphe. Dresden 1839. Würtemberger Impfgesetz vom 25. Juni 1878.

masse inficirt, zu gleicher Zeit vergiftend auf die Haut in der Umgebung der Impfpocke einwirkt, dass sich, mit andern Worten, die Infection des Körpers unter dem Bilde eines Erysipelas vollzieht; wo Eins ausbleibt, erfolgt das Andere nicht. Die erysipelatöse Hautentzündung weicht normaler Weise, am neunten und zehnten Tage rasch zurück, also gerade dann, wenn der klare Inhalt der Bläschen trübe wird, und mit der reichlichen Zellenbildung in ihrem Innern der Umfang der Pocken sogar zunimmt. Diese eitrige Metamorphose der Vaccinen kann folglich nicht die Ursache jenes Erysipels sein, wie gemeinhin angegeben wird — im Gegentheile, jene Umwandlung der klaren Lymphe, welche erfahrungsgemäss ihre specifische Wirksamkeit vermindert, hebt zugleich ihre Fähigkeit auf, den Rothlauf, welchen sie vorfindet, zu unterhalten. Muss, nach dieser Darstellung, die von den Impfpocken ausgehende gesetzmässige Hautentzündung als eine echt erysipelatöse, und dieses, in Dauer und Umfang beschränkte Erysipel als ein nothwendiges Attribut des Vaccineprocesses angesehen werden, dann ist das, stets an die „Areola" anknüpfende Impferysipel der Pathologen kein neuer Process, der hinzutritt, sondern nur die Ausschreitung oder ein Recidiv des bestehenden gesetzmässigen. Um Eins oder das Andere zu bewirken, darf aber kein neuer, besonderer Giftstoff herangezogen werden, sondern es sind, wie die Beobachtung lehrt, örtliche Reize der allgemeinsten Art hinreichend, um die von der Vaccine eingeleitete erysipelatöse Hautentzündung zu unterhalten und fortzuführen. Es geht hier ähnlich wie im Darmtyphus: der Diätfehler des heisshungerigen Reconvalescenten als solcher macht keinen Rückfall, sondern gibt nur den Reiz ab, welcher den noch nicht erloschenen Process auf der Darmschleimhaut zu frischer Thätigkeit steigert.

Nach dieser Auffassung des Impfprocesses darf man also, wie erwähnt, die nach Impfung mit animaler Lymphe heftiger als nach humanisirter auftretende R e a c t i o n nicht als Nachtheil, sondern man muss sie unbedingt als V o r z u g betrachten."

Ich wende mich nunmehr dem dritten Momente zu, der Möglichkeit der Uebertragung thierischer Krankheiten auf den Menschen. Hier kömmt fast ausschliesslich die Tuberkulose in Betracht.

Man hat nämlich in neuester Zeit der animalen Vaccination den Vorwurf gemacht, dass sie die Gefahr einer tuberkulosen Infection nicht ausschliesse. Die Thatsache an sich ist zweifellos, d. h. die Rindstuberkulose ist eine Krankheit, mit der nach allen Erfahrungen und meinen eigenen Beobachtungen als vieljähriger Viehbeschauer und beeideter Veterinär circa 2% aller erwachsenen Rindern, wie sie den Schlachthäusern zugeführt werden, behaftet sind. Bei jüngeren Thieren jedoch, und insbesondere bei 6—12 Monate alten Kälbern ist die Tuberkulose eine grosse Seltenheit, so dass man bei der Untersuchung von vielen Tausenden von Kälbern kaum auf e i n e n F a l l von Tuberkulose trifft [1]).

„Die Gefahr von dieser Seite" sagt B o l l i n g e r „ist eine h ö c h s t m i n i m a l e, selbst wenn es nachgewiesen wäre, dass die Tuberkulose auf dem Wege der cutanen Impfung vom Rinde auf den Menschen

[1]) Prof. Dr. B o l l i n g e r zu München: „Ueber animale Vaccination". Leipzig 1879; Prof. R ö l l: „Ueber die Cultur animaler Vaccine" Wien 1877.

übergehen könnte. Letzteres ist jedoch entschieden zu bestreiten. Die Uebertragbarkeit der Tuberkulose auf dem Wege der cutanen Impfung ist bis jetzt nicht bewiesen. Es ist kein Beispiel bekannt, dass ein Mensch mit einer äusseren Wunde sich durch Berührung mit Tuberkulosen, mögen dieselben vom Menschen oder Rinde herrühren, inficirt hätte, und ebensowenig liegt eine experimentelle Erfahrung vor, welche einen solchen Verdacht bestätigen wird. Andernfalls müssten alle pathologischen Anatomen, alle Diener pathologischer Institute, alle Metzger, die tuberkulöse Rinder schlachten und zerlegen, längst der Tuberkulose verfallen sein".

Dessen ungeachtet ist es mein Plan, in der Zukunft, so bald die animale Vaccination eine grössere Ausbreitung erlangt haben wird — ganz im Sinne von Klebs — die Kälber-Lymphe erst nach vorausgegangener Schlachtung des Thieres zu benützen. Für jetzt, wo das Publikum nur direct vom lebenden Kalbe geimpft und Augenzeuge der Entnahme der Lymphe vom Kalbe sein will, um der Provenienz des Impfstoffes sicher zu sein, wären derartige Vorkehrungen nur von grossem Nachtheile für die Impfung.

III. Technik der animalen Vaccination.

An einer früheren Stelle habe ich gelegentlich bemerkt, dass eine der Ursachen, aus welchen es der animalen Vaccination bisher noch nicht gelungen ist, jene mit humanisirter Lymphe völlig zu verdrängen, darin gelegen ist, dass in vielen Fällen die Lymphe nicht sicher haftet. Wenn auch nicht in Abrede gestellt werden kann, dass die Ursache hievon mitunter in einer schlechten Qualität der animalen Lymphe gelegen ist, so liegt doch natürlich — abgesehen von jenen Fällen, in welchen die fehlende Disposition des Individuums für die Aufnahme des Vaccinegiftes die Schuld trägt — in den meisten Fällen die Schuld in der incorrecten Technik bei der Vornahme der Impfung. Eine vielfältige Erfahrung hat mir die Ueberzeugung von der Richtigkeit dieser Behauptung verschafft. Betont ja doch auch das obcitirte Referat mit allem Nachdruck, wie sehr der Erfolg mit der animalen Lymphe von der Geschicklichkeit, Geduld und Sorgsamkeit des Impfarztes abhängt. Ich glaube daher nichts Ueberflüssiges zu thun, wenn ich im Nachfolgenden auf die Technik der animalen Vaccination des Näheren eingehe.

Es ist eine durch tausendfällige Erfahrung erhärtete und allen Impfärzten bekannte Thatsache, dass die animale Lymphe, die in Folge ihrer organischen Zusammensetzung und namentlich ihres grösseren Fibringehaltes (Virchow, Klebs) sofort bei ihrer Gewinnung eine Flockenbildung mit vollständiger Attraction sämmtlicher, in der Lymphe vorhandener organischer Elemente erleidet, unbedingt eine andere Verimpfungsmethode erheischt, als die bei der Impfung mit humanisirtem Impfstoff geübte.

Besonders die in den letztverflossenen Jahren erzielten guten Erfolge geben Zeugniss davon, dass erst die richtige Methode der Gewinnung der Lymphe gefunden werden musste. Die empyrisch gefundenen Verbesserungen der Impfmethode bestehen einerseits in der Ueberwachung des richtigen Zeitpunktes der Reife der Pusteln am Kalbe — was nur eine vieljährige Erfahrung und Beobachtung lehrt — und andererseits in der Art und Weise selbst, die Vaccine als solche zu gewinnen, indem es sich gezeigt hat, dass man bei Entnahme der Lymphe vom Kalbe nicht, wie es hie und da geschieht, das Lymphserum, sondern auch die wirksamen zelligen Elemente der Pocke selbst in Verwendung ziehen müsse.

Eine weitere Verbesserung bezieht sich auf den zweckentsprechenden Gebrauch der so gewonnenen Lymphe, und da stellte es sich als unbedingt nothwendig heraus, dass die animale Vaccine nicht mittelst Stich, sondern mittelst kleiner Schnittchen verimpft werde.

Es sei mir nun gestattet, auf die Begründung der Nothwendigkeit der oben aufgestellten beiden Verbesserungen in der Methode der Gewinnung und Benützung der animalen Lymphe in Kürze einzugehen.

Nachdem das Endresultat einer erfolgreichen Impfung eines Kindes mit animaler Lymphe im Wesentlichen genau dasselbe wie bei der Impfung mit humanisirter Lymphe war, so gewöhnte man sich daran, ganz analog wie bei der humanisirten Lymphe auch vom Kalbe am 7. bis 8. Tage die Lymphe zu entnehmen, unbekümmert um die grosse Verschiedenheit der Entwicklung und des Zeitpunktes der Reife der Pocken am Kalbe gegenüber jenen beim Menschen, unbekümmert um die Verschiedenheit in der materiellen Zusammensetzung dieser beiden Lympharten.

Zieht man aber die nachfolgenden Hauptmomente in Betracht, dass

1. die Pocken beim Menschen constant am 7.—8. Tage reifen, hingegen die am Kalbe verschiedentlich, zuweilen schon viel früher [1]); dass ferner

2. die Impfpustel beim Menschen als eine runde, hoch über das Niveau der Haut erhabene mit einer kleinen, wasserklaren Flüssigkeit gefüllte Blase sich präsentirt, während die Pocke am Kalbe ganz flach ist und tief in der Substanz der Gewebe liegt; dass endlich

3. bei den Pusteln der humanisirten Vaccine die Lymphe in der Art in dem Parenchym des kleinen Tumors vertheilt ist, dass sie in der Form von durchsichtigen Tröpfchen hervortritt, sobald man mittelst einer Nadel die äussere Haut leicht durchsticht; dass es sich dagegen bei jener der animalen Vaccine ganz anders verhält, indem man bei diesen das äussere Häutchen selbst ziemlich stark durchstechen kann, ohne dass man die geringste Spur von Lymphe ausfliessen sieht: so ist die Verschiedenheit der Entwicklung beider Pustelarten, sowie die

---

[1]) Bei der Wahl der Vaccine, die zum Ueberimpfen bestimmt ist, muss man sich lediglich durch das Aussehen der Pockenpustel und nicht durch den Zeitraum seit der Inoculation leiten lassen. In manchen Impfinstituten wird die Lymphe constant am 6., in anderen am 7. oder am 8.—10. Tage vom Kalbe entnommen. Der Zeitpunkt, wo die Vaccine am wirksamsten ist, ist eingetreten, sobald die Pocke vollständig reif ist, das charakteristische Aussehen der bekannten Variolapusteln und die Vaccine selbst ein silberglänzendes Aussehen besitzt. Dieser Zeitpunkt variirt aber je nach der äusseren Temperatur und nach der Verschiedenheit der Haut des Thieres. Sorgfältige individuelle Beobachtung jeder einzelnen Pocke und Entnahme der Lymphe vor dem Eintritte der Infiltration des Unterhautzellgewebes bilden die Hauptmomente einer richtigen Erkenntniss des zur Entnahme der Lymphe vom Kalbe geeigneten Zeitpunktes.

Nothwendigkeit der Einleitung verschiedener Verfahrungsweisen bei der Gewinnung der Lymphe vom Kalbe und vom Menschen leicht ersichtlich. Um grössere Klarheit in diesem Gebiete zu gewinnen, ist es durchaus nöthig, dass man beide Lympharten, die humanisirte und animale, mit einander vergleiche. Besichtigt man mit freiem Auge eine frisch vom Menschen entnommene Lymphe, so findet man, dass sie ganz wasserklar und leicht fliessend ist, und dass man, wenn sie sich in einer Glasphiole befindet, erst nach einiger Zeit ein sehr feines, beim Ausblasen aus der Phiole bemerkbares Fädchen sehen kann, welches aber nicht im Mindesten dem leichten Ausfliessen der Lymphe aus der Phiole hinderlich ist. Bei einer frisch vom Kalbe gewonnenen Lymphe dagegen sieht man, dass sie mehr blassgelb, dickklebrig, wie geronnen aussieht, und aus der Phiole äusserst schwer, gewöhnlich aber gar nicht ausgeblasen werden könne.

Ist schon makroskopisch für das geübtere Auge sofort ein Unterschied zwischen diesen beiden Lympharten ersichtlich, so gibt uns auch die mikroskopische Untersuchung manche Anhaltspunkte zur Differenzirung derselben an die Hand. Hier nur in Kürze Folgendes: In der Lymphe von Kuh- und Menschenpocken kommen organische Gebilde vor, und zwar in Form von Kernen, Körnchen und Zellen; die Kerne zerfallen wieder stufenweise in kleine Partikelchen und Molecüle von unmessbarer Kleinheit und haben stets die Neigung, sich zu grösseren und kleineren Klümpchen zusammenzuballen. In aufbewahrter Lymphe lassen sich stets fadenförmige Häutchen oder Gerinnsel unterscheiden, welche durch Conglomerate von Körnchenzellen, freien Körnchen und Molecülen entstanden und durch ihre zähe Bindesubstanz mit einander verbunden sind. Diese Befunde gelten sowohl für die humanisirte als für die animale Lymphe.

Eine Eigenthümlichkeit jedoch, durch welche sich die animale Lymphe von der humanisirten unterscheidet, besteht in der viel grösseren Plasticität der ersteren, und einzig und allein hierin ist der Grund für die Verschiedenheit in der Haftbarkeit der animalen und humanisirten Vaccine zu suchen. Wenn man eine selbst ganz frisch vom Kalbe entnommene, vollständig verlässliche Lymphe untersucht und sie zu diesem Zwecke auf das Objectglas nimmt, so bildet sich sofort in der Mitte der Flüssigkeit ein Fibringerinsel. Nimmt man nun dieses Gerinsel aus der Flüssigkeit heraus und untersucht diese allein, so findet man in ihr nur noch einige wenige Kerne, während die Körnchenzellen fast alle verschwunden, d. h. in dem Gerinsel attrahirt verblieben sind.

In diesen Körnchenzellen und Kernen ist aber, wie K l e b s [1]), K e b e r [2]), G r ü n h a g e n [3]), W e i g e r t [4]) u. A. experimentell constatirten, das eigentliche wirksame Princip, das Virus, enthalten, daher das Serum, allein verimpft, grösstentheils negative Resultate liefern muss.

Diesem Umstande ist es auch zuzuschreiben:

---

[1]) K l e b s: Prager med. Wochenschrift Nr. 2 u. 3. 1877.
[2]) K e b e r: Virchow's Archiv 1868. I. u. II. Heft.
[3]) G r ü n h a g e n: Archiv für Derm. u. Syphilis 1872. IV. Jahrgang.
[4]) W e i g e r t: Anatom. Beiträge zur Lehre von d. Pocken. I. Heft. Breslau 1874.

1. dass die in Glasphiolen aufgenommene flüssige Lymphe (recte Lymphserum) nur ein Minimum der zelligen Elemente enthält und

2. dass die animale Lymphe, ohne Rücksicht auf die Entwicklungsstufe der einzelnen Pocken, wenn sie stets am 7. Tage vom Kalbe entnommen wird, stets negative Resultate erzeugt. Es hat nämlich sehr oft zu dieser Zeit schon in der Pocke selbst durch die übergrosse Vermehrung des Fibrins eine vollständige Coagulation der zelligen Elemente stattgefunden.

Mithin war es nothwendig, die Methode bei der Gewinnung der animalen Lymphe vom Kalbe in der Art abzuändern, dass man die Lymphe zu einer Zeit entnehme, wo die Fibrinbildung in der Pocke selbst noch eine möglichst geringe ist, und dass man, wie ich bereits oben bemerkte, sich nicht allein auf das Serum beschränke, sondern auch die wirksamen zelligen Elemente der Pocke zum Zwecke der Verimpfung heranziehe.

Die ersten Impfärzte sammelten auf Grund ihrer damaligen Erfahrungen in der Praxis sowohl den Pockeneiter zum Zwecke der Inoculation (1712) [1]), als auch später die Vaccine (1798) [2]) ausschliesslich im trockenen Zustande, und zwar auf Seide, Wollfäden und schliesslich auch auf Beinnadeln, indem sie diese in die eröffnete Variola, resp. Vaccinapusteln eintauchten und die Lymphe eintrockneten liessen, — nachdem sie durch die Praxis zur Ueberzeugung gekommen waren, dass die Lymphe in flüssiger Form sich nicht gut conserviren lasse.

Machten schon die „Alten" bei ihren Versuchen mit humanisirter Lymphe oberwähnte missliche Erfahrungen, um wie viel mehr musste dieses bei der animalen Lymphe der Fall sein, deren Fibringehalt, Gerinnung und Zersetzungsfähigkeit schon an und für sich ein bedeutend grösserer ist.

War also nun die Methode der Gewinnung der animalen Lymphe präcise am 7. Tage nach der Einimpfung eine verfehlte, so gab noch anderseits der zweite früher erwähnte Fehler in der Art der Verimpfung Veranlassung zu noch viel grösseren Misserfolgen.

Jenner, Sacco, De Carro, Woodville u. A. verimpften ihre auf Fäden oder Beinnadeln conservirte Lymphe in der Art, dass sie die Haut ritzten und ein Stück der imbibirten Fäden in die geritzte Hautstelle hineinschoben, oder indem sie die auf der Spitze der Beinnadel imprägnirte Lymphe in die geritzte Stelle einrieben. Die Impfung mittelst Stich geschah blos bei Impfungen von Arm zu Arm.

Verimpft man nun, wie es bis jetzt geschah, die in ihrer materiellen Zusammensetzung so wesentlich von der humanisirten verschiedene animale Lymphe nach demselben Modus wie die gleichfalls in Phiolen aufgenommene humanisirte Lymphe, nämlich durch einen Einstich unter die Haut, so wird bei der humanisirten Lymphe, weil sie, wie oben erwähnt, dünnflüssig und weniger gerinnbar ist, ein Minimum hinreichen, um einen Erfolg zu erzielen; bei der animalen Lymphe hingegen wird wohl etwas Lymphserum in die Stichöffnung gelangen,

---

[1]) Timoni: Historia Variolorum, quae per insitionem excitantur. Constant. 1712.
[2]) Ferner: An Inquiry into the Causes and Effect of the Variola vaccina, a disease discovered in some of the western countries of England, particulary Gloucestershire and krown by the name of the cow-pox. London 1798.

das Fibringerinnsel, d. h. der eigentliche Virusträger aber ausserhalb der Stichöffnung bleiben, daher auch der durchgehends minder günstige Erfolg bei Verimpfung der animalen Lymphe mittelst der Stichmethode.

Es resultirt aus dem eben Erörterten, dass es bei Verimpfung der animalen Lymphe absolut nothwendig sei, für die aufzutragende Lymphe eine **grössere Berührungsfläche** zu schaffen, als dies durch **den Stich erreicht wird**, und dass man nicht das Serum allein, sondern **auch das Gewebe der Pocke** zur Gewinnung des Impfstoffes verwende.

Der Uebersicht wegen will ich die von mir zum Zwecke der Verimpfung der animalen Lymphe in Anwendung gebrachten Methoden anführen:

1. Die directe Uebertragung der animalen Lymphe vom Kalbe auf den Impfling;

2. das Aufsammeln der reinen wasserklaren Lymphe in den Glasphiolen (wegen unsicherer Haftung aufgegeben);

3. die Imprägnirung der Beinnadeln oder Glasplatten;

4. die dickflüssig aus den festen und flüssigen Bestandtheilen der Pocke zu einem Brei verriebene Masse (Pasta-Lymphe);

5. diese Masse getrocknet zu einem Pulver verrieben (Vaccine-Pulver).

Zum Zwecke der Aufbewahrung der animalen Vaccine haben wir also folgende Formen: die flüssige Glycerin-Lymphe, die halbflüssige Pasta-Lymphe, die trockene (auf Bein-Nadeln und Glasplatten) und endlich das Vaccine-Pulver. (Die beiden letzten Formen vorzüglich für Massenimpfung empfehlenswerth.)

Die sicherste und bis jetzt für die Impfpraxis die bewährteste, weil auch nach Wochen und Monaten vollkommen verlässlich, ist die auf Bein eingetrocknete, dann die dickflüssig in Phiolen oder Flacons gesammelte Pasta-Lymphe.

Anweisung zum Gebrauche der animalen Lymphe:

An je zwei Stellen beider Oberarme werden durch Ritzen oder Schaben der Epidermis kleine oberflächliche Excoriationen hergestellt. Etwa austretendes Blut wird weggewischt, und indem man die geritzten, resp. excoriirten Stellen mit den Fingern der linken Hand auseinanderhält, wird der Impfstoff mit der anderen Hand aufgetragen, und zwar:

a) Bei der Impfung mittelst flüssiger Pasta-Lymphe aus den Phiolen, indem man deren Inhalt direct auf die scarificirten Stellen ausbläst, daselbst verreibt und eintrocknen lässt. [1]

b) Mittelst imprägnirter Beinnadeln, indem man deren Spitze mit einem Tropfen lauen zuvor abgekochten Wassers betupft, die eingetrocknete Vaccine derart durch 2—3 Minuten sich erweichen lässt, diese sodann mit der Impf-Lancette zu einem weichen Brei zerschabt, sorgfältig verreibt und erst hierauf an den geritzten oder excoriirten Stellen gut einreibt und eintrocknen lässt.

---

[1] Es genügt, die Impfstellen etwa 5—6 Minuten offen zu lassen und sie sodann, ohne Rücksicht, ob die Lymphe eingetrocknet ist oder nicht, mit reiner Bruns'scher Watte zu bedecken.

c) Die auf Glasplättchen eingetrocknete Vaccine wird mit einer in laues Wasser eingetauchten Lancette abgeschabt, zu einem feuchten Häufchen zusammengescharrt und auf die in oberörterter Weise excoriirten Stellen übertragen.

d) Die dickflüssige Pasta-Lymphe in Flacons wird verimpft, indem man ein hanfkorngrosses Stückchen auf die excoriirten Stellen aufträgt und daselbst sorgfältig verreibt.

e) Vaccine-Pulver. Dieser trockene Impfstoff wird auf einem Uhrglase mit einem gleichen Quantum oder etwas mehr Wasser, soweit dass alle Partikelchen Flüssigkeit angenommen haben, verrührt, und dann zum vollständigen Aufquellen etwa fünf Minuten lang ruhig hingestellt; jedem Impfling wird dann eine stecknadelkopfgrosse Portion der gequollenen Masse mittelst der Fläche der Impf-Lancette in die Impfschnitte kräftig eingerieben.

Die österreichische Impfvorschrift schreibt vor, dass man an jedem Arme 2—3 Pocken setze und die Erfahrung hat auch sichergestellt, dass man unter dieser Zahl nicht bleiben dürfe, ohne die Dauer des vaccinalen Schutzes bedenklich zu verkürzen, zumal Kraft und Vorhältigkeit des Schutzes proportional mit der Zahl der Impfpocken (Marson[1]), Hervieux[2]), Fansher[3]), Eulenburg[4]) u. A.) wachse. Die Erkrankung an Blattern und die Schwere der Erkrankung geht somit Hand in Hand mit der Anzahl früherer Impfnarben, und solche Individuen werden am meisten ergriffen, welche die geringste Anzahl Impfnarben hatten, so dass also, wie es scheint, auch das Quantum resorbirter Lymphe wesentlich dazu beiträgt, den Schutz kräftiger und andauernder zu machen [5]).

Prof. Hewitt[6]) stellt diesbezüglich folgende Tabelle auf:

Zahl in Qualität der Narben	Zahl der Kranken	Mortalität in Procenten
ohne Narbe	290	21·73
1 gute Narbe	268	4·23
1 zweifelhafte Narbe . .	589	11·95
2 gute Narben	608	2·68
2 zweifelhafte Narben . .	280	7·29
3 gute Narben . , . . .	187	1·63
3 zweifelhafte Narben . .	87	2·32
4 gute Narben	202	0·99
4 zweifelhafte Narben . .	66	0·00

Der Einfluss einer gut durchgeführten Vaccination auf die Morbilität wie Mortalität durch Pocken ist aus obigen Ziffern deutlich zu ersehen, und stimme ich mit dem Berichterstatter der letzten grossen Blatternepidemie zu London[7]) vollkommen überein, welcher sagt:

---

[1]) Medico-chirurgical Transactions, published by the Royal Medical and Chirurg. Society of London Vol. XXXVI. London 1853.

[2]) Dr. Hervieux in Hôpital Cochin zu Paris: Gazette de Hopiteaux. 1866. 27. Jänner,

[3]) The Lancet. Juli 1879, p. 305.

[4]) Eulenburg: Vierteljahrschrift f. gerichtl. Medicin. XIX. I. S. 173.

[5]) Hay: „Erfahrungen über die Impfnug mit Kuh-Lymphe". Wien 1878; idem: „Die Kuh-Lymphe und Impfzwang". Wiener med. Presse Nr. 7 u. 8. Jahrg. 1879.

[6]) Lectures on Vaccination. Lancet. Juni 1861. 13.

[7]) Bericht der Metropolitan Asylum Borad; The Lancet. Aug. 3. 1872. p. 157.

„Angesichts dieser Zahlen erscheint es fast unmoralisch, nachlässig oder unvollständig zu impfen, weil, wenn wir so handeln, wir die Gefahr für unsere Impflinge, blatternkrank zu werden und an Blattern zu sterben, im hohen Grade vermehren."

Es sind demnach auch bei Impfungen mit animaler Lymphe in der Regel zwei Pusteln auf jedem Arme zu setzen und man hüte sich, dem Wunsche der Mutter, aus Schönheitsrücksichten „nur hoch oben am Arme", etwa am Schultergelenke, die Pocken anzusetzen, nachzugeben.

Die animale Lymphe bringt bekanntlich — und darin liegt neben dem Vortheile der vollkommenen Sicherheit vor Uebertragungskrankheiten ihr Hauptnutzen — eine etwas grössere Reaction [1]) hervor, und eine Mitleidenschaft des Schultergelenkes, wenn auch in der Regel leicht vorübergehend, sollte nach Thunlichkeit vermieden werden.

IV. Symptome, Verlauf, Therapie.

Da in den vorliegenden Blättern selbstredend nicht beabsichtigt wird, eine erschöpfende Darstellung der Vaccination zu geben, so beschränke ich mich hier nur darauf, die geringen U n t e r s c h i e d e zwischen dem V e r l a u f e der Vaccination mit a n i m a l e r und jener mit h u m a n i s i r t e r Lymphe hervorzuheben.

Wenn die Uebertragung animaler Lymphe auf den menschlichen Organismus mit Erfolg geschehen ist, so entwickeln sich, sagt B o h n, die Impfpocken z u r h ö c h s t e n G ü t e u n d V o l l e n d u n g. Sie zeichnen sich von den Vaccinen aus humanisirter Lymphe durch ihre beträchtliche (bis zu 6 Linien Diameter) G r ö s s e, bedeutendere F ü l l e und K r ä f t i g k e i t aus. Die Entzündung dringt tiefer in die Cutis und in das Zellgewebe ein, und die Umgebung der Pocke ist in weiterem Umfange verhärtet. Dem entspricht ein stärkeres Fieber. Der Dessiccationsprocess zieht sich in die Länge, und es bleiben ausgeprägtere Narben zurück. Ein anderer Theil der Impfpocken aus originärer Lymphe zeigt k e i n e B e s o n d e r h e i t e n, nur in einer M i n d e r z a h l der Fälle setzt dieselbe sogar k l e i n e r e Pocken, als der gewöhnliche Stoff.

Eine fernere Eigenthümlichkeit des genuinen Stoffes besteht in der häufigen V e r l a n g s a m u n g, welche der Process erfährt. Die Eruption sowohl als die Ausbildung der Pocken verspäten sich, und der Process erreicht erst am 10. bis 12. Tage seine Höhe. Das Gegentheil, eine Verfrühung oder Beschleunigung, kömmt höchst selten vor.

Gleichwohl steht diese relativ spätere Ausbildung der Pustel einer eventuellen Verwendung derselben zur Entnahme von Lymphe bei der ö f f e n t l i c h e n I m p f u n g durchaus nicht im Wege. Da nämlich die letztere nur an bestimmten Tagen der Woche stattfindet, und

---

[1]) Bohn: „Handbuch der Vaccination": Pfeiffer in Gerhard's Handbuch für Kinderkrankheiten. I. pag. 621. Eimer: „Die Blatternkrankheit". Leipzig 1853. Frike, Birmann, Hering: „Zeitschrift für Natur- u. Heilkunde". Bd. 1. Heft 2. Ueber das die Schutzpocken begleitende Fieber. Jahrbuch für Kinderkrankheiten. Wien 1858.

einem althergebrachten, auf Opportunitätsrücksichten basirten Usus zufolge die Revision, beziehungsweise die Ausstellung der Impfzeugnisse und eventuell die Abimpfung genau am achten Tage nach der Impfung erfolgen, so könnte die Besorgniss entstehen, dass die Impfpustel am achten Tage zur Abimpfung noch nicht geeignet ist. Diese Besorgniss ist aber in der That nicht begründet. Denn in seiner trefflichen Abhandlung über die Vaccination sagt Pfeiffer [1]) ausdrücklich: „U n d öffnet man die 7 m a l 24 Stunden nach der Impfung anscheinend noch dürftigen Pocken, so wird man durch eine verhältnissmässig reichliche Menge zum Weiterimpfen ganz vorzüglich geeigneter Lymphe überrascht werden“.

Im Ganzen und Grossen muss man der genuinen Kuhlymphe eine intensivere Wirkung auf den Organismus zuschreiben, als der humanisirten Lymphe. Doch ist sie, sagt Bohn, einer Mitigation fähig; wo sie spontan durch eine Reihe von Kühen gegangen war, erschien sie (Ceely) in der Regel immer milder bei den zuletzt, als bei den zuerst ergriffenen Exemplaren, und ebenso verlor sie bei der künstlichen Leitung durch eine Anzahl von Thieren viel von ihrer Schärfe, und rief beim Menschen eine mildere, aber ausreichend kräftige und charakteristische Krankheit hervor. Die sogenannte animale Lymphe, welche seit einem Decennium bei uns aufgekommen ist, und in grossem Umfange cultivirt wird, repräsentirt eine solch' künstlich gemilderte genuine Lymphe, und erinnert durch manche Eigenschaften an ihre Quelle.

Die „heftige Reaction“ bei der animalen Vaccination habe ich bereits oben besprochen.

Im Anschlusse hieran seien mir noch einige Worte über therapeutische Massnahmen bei der Vaccination gestattet.

Die normal verlaufende Vaccine und Revaccine bedarf keiner Behandlung, es genügt Schonung und zartes Umgehen mit den leidenden Stellen, Vermeidung jedes Druckes, wie er beim Anlegen von engen Kleidern oder enganliegender Wäsche verursacht wird. Geimpfte haben sich bei Schwellung der Armmuskeln jeder anstrengenden Bewegung der Arme, als Turnen, Fechten u. dgl. zu enthalten; um bei spontaner Eröffnung der Impfpustel das Ankleben an das Hemd zu vermeiden, genügt eine leichte, fettige Umhüllung, Vaselin, Glycerin u. dgl.; bei stärkerer Röthe, Anschwellung und Schmerzhaftigkeit ist absolute Ruhe, die Application von Vaselinlappen, eventuell auch kalten Umschlägen ausreichend. Etwa vorkommende schwerere Fälle erfordern die gewöhnliche chirurgische Behandlung. Syphilis bleibt wegen Benützung ausschliesslich animaler Lymphe ganz ausgeschlossen, und bei rothlaufartiger Entzündung bin ich ausnahmslos mit obiger Therapie ausgekommen.

Bezüglich des so sehr gefürchteten Impferysipels ist zu bemerken, dass nach Koch die Erysipelasmicrococcen ihre Entwicklung ausserhalb des thierischen Körpers durchmachen und nur, wenn ihnen gerade Gelegenheit gegeben wird, durch Verletzung der Oberhaut in den thierischen Organismus gelangen. Sie gehen nach Fehleisen nicht

---

[1]) Die Vaccination von Dr. L. Pfeiffer, Medicinalrath a. D. Tübingen, 1884.

in die Blutgefässe über, verbleiben in den Lymphbahnen und charakterisirt sich nach den klinischen Erfahrungen der Process des Impferysipels wesentlich als eine Erkrankung der Spalträume im Bindegewebe des Corinm, beziehungsweise der von demselben ausgehenden Lymphgefässe.

Es ist also nicht ohne weiteres grobe Fahrlässigkeit des Impfarztes — (wenn auch eine verdorbene Lymphe, ein rostiges Messer u. dgl. der Träger des Erysipelascontagiums sein können) — wenn die Impflinge an Erysipel erkranken. In der Mehrzahl der Fälle wird es nicht die in die Wunde gelangte, inficirte Vaccine sein, die anzuschuldigen ist. Bei jeder Läsion der frischen Wunde, der Pustel und der Narbe, also zu jedem Zeitabschnitte des Vaccineverlaufes, kann durch die Kleider, durch die Wohnung, durch das Impflocal, die Infection erfolgen.

Die Behandlungsweise bei Erysipel besteht darin, dass bei starker Schwellung des Armes, eine hohe Lagerung desselben, Oeleinreibung und Watteverband vorgenommen werden. Hütter hat 1—2 % Carbolsäurelösungen in den Rand der Infiltration mit gutem Erfolge eingespritzt; überdies sind Eisblase, Bepinseln mit Jodtinctur, Collodium und von Volkmann Bepinselungen mit einer Höllensteinlösung (1 : 8) empfohlen worden. — Prof. Hofmokl in Wien [1]) hat bei Behandlung des Erysipels und der Lymphangoitis Waschungen und Umschläge mit 2—5 % Carbolwasser mit bestem Erfolge angewendet.

V. Revaccination.

Es möge mir noch gestattet sein, der Revaccination einige Worte zu widmen. Rücksichtlich derselben besteht nämlich im grossen Publicum vielfach Unklarheit. Dieselbe bezieht sich auf zwei Momente:
1. Die Dauer der Schutzkraft bei der Erstimpfung und
2. den Verlauf der Revaccination.

Das schwierigste Capitel in der ganzen Impffrage ist jenes über die Revaccination. Während die Schutzkraft der Vaccine gegenüber der Variola heute eine von der Wissenschaft anerkannte Thatsache ist und nur von Laien und sehr vereinzelten Aerzten bestritten wird, sind die Controversen über die Dauer dieser Schutzkraft im Allgemeinen noch lange nicht abgeschlossen, und, wie leicht ersichtlich, hängt von der Beantwortung dieser Frage das Urtheil über die Revaccination, ihre Wichtigkeit oder Werthlosigkeit ab.

Es ist nicht meine Absicht, mich in die Discussion dieser Frage einzulassen. Thatsache ist, dass der Impfschutz eine zeitliche Grenze hat, und dass die Dauer dieses Impfschutzes in einem Zusammenhange steht mit der Anzahl der bei der Erstimpfung erzeugten Pusteln.

Gewiss gibt es noch andere Momente, die mit der Dauer des Impfschutzes im Zusammenhange stehen können, wie z. B. die Art und Weise des Verlaufes der Erstimpfung, die Intensität der fieberhaften Reaction, die Quantität und Qualität der verwendeten Lymphe u. s. w.

---

[1]) Archiv für Kinderheilkunde, III. Bd., 1882; idem Wiener med. Presse Nr. 11, 1886.

Die Mehrzahl der italienischen Aerzte sind der Ueberzeugung, dass bei Gebrauch von Kälberlymphe die Revaccination überhaupt nicht nothwendig ist.

Aber eine Einsicht in diesen Zusammenhang besitzen wir vorläufig noch nicht. Jedenfalls können wir sagen, dass der Zweck der Revaccination darin besteht, die wiedergekehrte Empfänglichkeit gegen Variola aufzuheben, sei es, dass die Erstimpfung einen unvollständigen Erfolg ergab, sei es, dass nach der herrschenden Ansicht auch ein vollständiger Erfolg nur für eine gewisse Anzahl von Jahren Schutz vor Blattern gewährt. — Den sichersten Beweis für das Erlöschen des durch die Erstimpfung herbeigeführten Schutzes liefert die Haftung bei der Revaccination; so wenig das Individuum, welches mit Erfolg geimpft worden ist, bald darauf an Blattern erkrankt, ebenso wenig lässt sich an einem Individuum unmittelbar nach der ersten erfolgreichen Impfung eine zweite mit Erfolg vollziehen. — Zeigt sich bei der Revaccination Haftung, so liegt darin der Beweis, dass der Schutz durch die Erstimpfung bereits erloschen und das Individuum für Blattern empfänglich gewesen ist.

Im Allgemeinen wird man wohl nicht fehlgehen, wenn man, auf die Erfahrung und die Ergebnisse der Statistik gestützt, annimmt, dass die Dauer der Schutzkraft nach einem Zeitraume von 10 bis 12 Jahren erlischt, und dass es sich daher im Allgemeinen empfiehlt, die Revaccination im zwölften Lebensalter vorzunehmen.

Dieser Auffassung huldigt auch das deutsche Impfgesetz.

Die verhältnissmässig grosse Masse der von mir vorgenommenen Revaccinationen hat mich gelehrt, dass bei Ungeimpften und Solchen, welche die echten Blattern nicht durchgemacht hatten, der Erfolg ein vollkommener, und dass er nur dann ein unvollkommener war, wenn das betreffende Individuum die Variola oder die Vaccination durchgemacht hatte.

Ueber die Frage der Revaccination äussert sich Dr. C. A. K r a n z [1]) in München wie folgt: „Wenn bei einem nicht geblatterten Kinde die Impfung fehlschlägt, wird sogleich corrigirt, da man den Fehler mit Bestimmtheit weiss: nicht so bei der erfolglosen Revaccination.

Wenn Jemand ohne Erfolg revaccinirt wird und in 1—2 Jahren an Blattern erkrankt und stirbt, wird da nicht die Schuld auf die Unzulänglichkeit der Schutzkraft der Impfung geschoben? In der That war aber nicht die Sache, sondern die Methode Schuld.

Der Arzt ist daher vor seinem Gewissen tief verpflichtet, nur nach der Methode zu revacciniren, welche bei jedem nicht mehr Geschützten mit voller Sicherheit und mit voller Energie anschlägt. Hauptpunkt: Wahl des zu verwendenden Impfstoffes. — Als Impfstoff bester Qualität wird mit vollem Rechte der direct von der Kuh genommene erachtet.

Die Wirkungen des Kuh- und des humanisirten Stoffes lassen sich an den Impfnarben unschwer erkennen. Ersterer hinterlässt grosse, wohlbegrenzte, glänzend weisse Narben mit deutlich ausgeprägten Vertiefungen an den Talgfollikeln; letzterer kleine, flache,

---

[1]) Friedreich's Blätter für gerichtl. Medicin und Sanitätspolizei. 25. Jahrg. 4. Heft. Nürnberg 1874.

verwaschene, undeutlich begrenzte, ebene Narben, von viel kürzerer Dauer ihres Sichtbarseins.

Bei der Untersuchung der Frage, wie lange die Schutzkraft der Vaccinirten dauert und die damit zusammenhängende, in welchem Lebensalter die Revaccination am zweckmässigsten vorgenommen werden soll, fiel uns vor Allem der Umstand auf, dass die Impferfolge bei gleich alten Individuen sehr verschieden sind.

Von 100 Schulknaben im Alter von 10—12 Jahren, alle mit demselben Stoff und derselben Methode revacinirt, bekamen **4** schöne und vollzählige Pusteln, während sämmtlich andere nur einige abortive oder gar keine aufzuweisen hatten.

Unter 94 revaccinirten Kindern von 13 Jahren waren ebenfalls **4**, welche vollkommenen Erfolg der Blattern zeigten, 12 hatten unvollkommenen Erfolg, die Uebrigen keinen.

Bei genauer Untersuchung zeigte sich, dass obige **8** blos **1** oder **2** Impfnarben zeigten, die übrigen Kinder zeigten aber eine grössere Narbenzahl. Bei Kindern, bei denen der Zwischenraum der Vaccination und Revaccination $2\frac{1}{2}$ –3 Jahre andauerte, waren am 8. Tage nach der Revaccination die Blattern vollzählig, aber schon angetrocknet; bei einem Zwischenraum von 10 Jahren vollkommen entwickelt, so dass sie von Vaccinationsblattern nicht zu unterscheiden sind.

Es ist also eine wichtige Thatsache bei der Entscheidung der ersten Frage — die Art und Weise, wie die erste Impfung vorgenommen worden war. — Resumé: I. Wo Kinder n i c h t wie in Bayern mit reg. Stoff geimpft werden, schon im 12.—13. Jahre zu revacciniren. II. Nachdem beim Kinde dargethan ist, dass viele Impfblattern eine längere Schutzkraft verleihen, so ist auch bei der Revaccination dasselbe zu gewärtigen."

Der Erfolg der Revaccination hängt nach dem bisher Gesagten ab von dem Maasse der wieder erwachten vaccinellen Disposition, von der grösseren oder geringeren Empfänglichkeit des Individuums. Je grösser diese letztere, um so erfolgreicher die Revaccination. Wir finden demnach die Producte derselben in den verschiedensten Intensitätsgraden auftreten: Allmälige Uebergänge von leichter entzündlicher Hautröthe zu Stippchen, Bläschen und förmlicher Blasenbildung; in der entwickeltesten Form ist die Revaccinationspustel der Vaccinepustel gleich. Ebenso verhält es sich mit den allgemeinen Reactionserscheinungen. Man findet gegen den 6.—7. Tag, zuweilen schon am 3.—4. ein starkes Fieber mit ausgesprochenem Frost, Mattigkeit, Kreuzschmerz, Ohnmachten, Anschwellung der Achseldrüsen bis herab zu einem leichten unbedeutenden bald vorübergehenden Frösteln, ferner Jucken an den Impfstellen.

Ein vollständig guter Erfolg, wie er bei Erstimpfungen vorkommt, gehört zu den Seltenheiten. Eine häufige Abweichung vom regelrechten Verlaufe ist ein überstürzter Verlauf des ganzen Processes, so dass schon am 4.—5. Tag, oft noch früher, die Impfstellen die Höhe ihrer Entwicklung erreicht haben.

„Weitere Abkürzungen des Processes, mit Eintritt der Akme vor dem 4. Tage, erscheinen in Gestalt von varicellenartigen, ungefächerten Bläschen, von Knötchen oder von einfachen Stippchen mit Erythem, ohne dass man sagen kann, wo die entwickelte Form aufhört und die abortive anfängt. Von diesen Formen lässt sich nicht weiterimpfen. und doch haben sie für das betreffende Individuum ihren Werth. insofern nachfolgende. an demselben Individuum vorgenommene Controlimpfungen nicht mehr haften. Guten Impfstoff vorausgesetzt. muss schon ein Knötchen mit Erythem oder eine ausgesprochene Röthung der Impfstelle als Beleg dafür angesehen werden, dass noch eine geringe Empfänglichkeit vorhanden gewesen ist." (Pfeiffer).

Analog wie bei der Vaccination setze ich auch bei der Revaccination an beiden Oberarmen je 2 Impfpusteln. und, wenn nach Ablauf von 3 - 4 Tagen die Impfstellen spurlos heilen. wiederhole ich nochmals die Revaccination.

Treten jedoch an den Impfstellen auch nur die kleinsten unbedeutendsten Anzeichen einer specifischen Entzündung auf, ein kleines unbedeutendes Knötchen mit Erythem, so halte ich selbst diese Abortivform als Beleg für die noch vorhanden gewesene geringe Empfänglichkeit und erachte das Resultat der Impfung für erfolgreich. seitdem ich mich in vielen Fällen und erst jüngst bei einer wiederholten Revaccination von 40 der Sicherheitswache angehörigen Individuen überzeugt habe. dass jede fernere Impfung bei derlei Individuen ganz erfolglos abläuft.

Die Resultate der von mir vorgenommenen Revaccinationen sind folgende :

a) Ich erzielte bei Kindern unter 10 Jahren und bei Vorhandensein von deutlichen 4 Narben ein Haftungspercent von 60; dasselbe Resultat ergab die vorgenommene Impfung, bezw. Revaccination bei vor 8 - 10 Jahren Geblatterten; bei undeutlichen Impfnarben oder bei Vorhandensein von blos 1 2 Impfnarben 80% Erfolg.

b) Die Revaccination der Zöglinge der k. k. Theresianischen Akademie im Jahre 1884 ergab ein Haftungspercent von 63.

c) Die Revaccination des k. k. Hofstaates im Jahre 1885 ergab laut der mir Seitens der Herren k. k. Hof- und Garde-Aerzte gemachten Mittheilung Haftungspercente von 45 82.

d) Die Revaccination der Mannschaft der hiesigen k. k. Garnison im Jahre 1885 ergab ein Haftungspercent von 65.

e) Die Revaccination der Zöglinge der k. k. Artillerie-Schule im Jahre 1885 ergab ein Haftungspercent von 82.

f) Die Revaccination der Pfleglinge der n.-ö. Landes-Irrenanstalt im Jahre 1885 ergab ein Haftungspercent von 75.

g) Die Revaccination der 1306 Mitglieder der Wiener k. k. Sicherheitswache im Jahre 1885 ergab bei 716 vollständigen Haftungserfolg.

Die Verschiedenheit des Erfolges von 45 82% Haftung ist begründet in dem Alter der Individuen, in dem längeren oder kürzeren Zwischenraume. der seit der vorausgegangenen Impfung oder Revaccination verflossen ist. in der Qualität der ersten Impfung und endlich auch in der Verschiedenheit der Classificirung des Impfproductes. da manche Aerzte auf dem Standpunkte stehen. dass sie auch bei der Revaccination. wenn sie dieselbe für erfolgreich erklären sollen. eine eben solche Ausbildung der Pusteln verlangen. wie bei der Erstimpfung. ein Standpunkt, den ich, wie oben ausgeführt. nicht theile.

Anhang.

—

1a. Aus der Vorschrift über die Kuhpocken-Impfung in den k. k. Staaten vom 9. Julius 1836.

(Hofkanzlei-Decret vom 9. Julius 1836, Z. 13192).

§. 1. Die Oberleitung des Geschäftes der Kuhpocken-Impfung führt in jeder Provinz die Landesstelle mittelst des bei derselben angestellten Sanitäts-Referenten und Protomedicus, welcher letztere zugleich Impfungs-Director ist.

§. 2. In den Kreisen eines Landes besorgt die besondere Leitung dieses Geschäftes das Kreisamt mittelst des Kreisarztes.

§. 3. Niemand darf die Kuhpocken-Impfung ausüben, als geprüfte Aerzte und Wundärzte. Sollten jedoch noch Aerzte und Wundärzte vorhanden sein, die hierzu während ihres Studiums, an öffentlichen Lehranstalten nicht befähigt worden sind, so müssen dieselben eine eigene Erlaubniss zur Ausübung der Kuhpocken-Impfung haben.

§. 4. Diese Erlaubniss ertheilt in der Hauptstadt das Gubernium auf das Gutachten des an der öffentlichen Impfanstalt in der Hauptstadt angestellten Arztes; im Kreise das Kreisamt nach dem Gutachten des Kreisarztes.

§. 5. Bestehen über die Kenntnisse derer, welche eine solche Befugniss nachsuchen, gegründete Zweifel, so sollen sie angewiesen werden, bei dem an der öffentlichen Impfanstalt in der Hauptstadt der Provinz angestellten Arzte oder bei dem Kreisarzte einigen dergleichen Impfungen und derselben ganzen Verlaufe beizuwohnen, wobei letztere ihnen zugleich die nöthigen Erklärungen ertheilen werden. Ist dieses geschehen, so sollen sie ohne weiteres die Erlaubniss, selbst Impfungen vorzunehmen, erhalten.

Die bewährte Vorsicht ist vorzüglich bei älteren Wundärzten und in jenen Ländern nothwendig, in denen es noch Wundärzte gibt, welche nicht an k. k. Universitäten oder Lyceen ordentlich gebildet wurden

§. 6. Auch Militär-Aerzte, welche die Vaccination an Civil-Kindern ausüben wollen, müssen von den vorgeschriebenen Civil-Behörden die Erlaubniss dazu erhalten, und diese kann ihnen nur mit der Bedingniss ertheilt werden, dass sie sich genau an die den Civil-Aerzten deswegen gegebene Instruction, welche ihnen daher mitzutheilen ist, halten, und wie diese, die vorgeschriebenen Berichte an das Kreisamt oder Gubernium einsenden, je nachdem sie in einem Kreise, oder in der Hauptstadt der Provinz, ihre Impfungen vorgenommen haben.

Dagegen haben ihnen auch die nämlichen Vortheile und Genüsse zu Statten zu kommen, welche den bei dem Impfungsgeschäfte verwendeten Civil-Aerzten bewilligt sind.

3

§. 7. Es muss genau dafür gesorgt werden, dass immer guter, so viel möglich frischer und echter Kuhpockenstoff vorräthig sei, und an alle Impfärzte, die desselben bedürfen, zu allen Zeiten versendet werden könne.

§. 8. Dafür hat vorzüglich in der Hauptstadt der Protomedicus, und im Kreise der Kreisarzt zu sorgen, welche allen Impfärzten, die eines Impfstoffes bedürfen, selben zu allen Zeiten unentgeldlich mittheilen, oder übersenden müssen. Zu diesem Ende soll an dem Orte, wo das Gubernium oder das Kreisamt seinen Sitz hat, das ganze Jahr hindurch geimpft, und auf diese Art eine eigene Impfungsanstalt unterhalten werden, in der man ununterbrochen Kinder vaccinirt, von denen der Impfstoff theils aufgesammelt, theils sogleich fortgepflanzt wird.

In der Hauptstadt erhalten die Impfärzte den benöthigten Impfstoff vom Impf-Director, in den Provinzen vom Kreisamte. Dieses verschreibt selben vom Guberniuim, wenn der vom Kreisarzte gesammelte Vorrath ausgeht.

§. 9. Die Aufsammlung, Aufbewahrung und Versendung des Impfstoffes geschieht folgender Massen:

1. Mittelst zweier kleinen Glasplatten, welche genau auf einander passen, damit aller Luftzutritt zu dem Stoffe abgehalten werde.

Auf die Mitte einer dieser Glasplatten, und zwar jener, welche mit einer linsenförmigen Aushöhlung versehen ist, bringt man den Impfstoff durch unmittelbare Berührung derselben mit der eingestochenen Kuhpocke.

Die Glasränder werden dann mittelst Wachs, Glaserkitte oder einer mit Mehlkleister bestrichenen Papierleiste verklebt, und so der Impfstoff an einem kühlen, trockenen, weder einem bedeutenden Wechsel der Temperatur, noch einem starken Lichte ausgesetzten Orte aufbewahrt.

Sollen die Glasplatten weit versendet werden, so kann man sie noch mit einem umwundenen Faden befestigen, um deren Verschieben zu verhindern.

Beim Gebrauche ist der aufbewahrte Stoff mittelst eines mit lauem Wasser etwas befeuchteten Pinsels wieder flüssig zu machen, auf die Spitze einer Lanzette an beiden Seiten zu streichen, und damit die Impfung vorzunehmen.

2 Mittelst Tränkens elfenbeinener, myrthenblattförmiger, fein zugespitzter und in hölzernen Kapseln nach Art der Nadelbüchsen eingeschraubten Impfnadeln, womit jeder Impfarzt beim Abnehmen des Stoffes versehen sein solle.

Mit derlei mit Kuhpocken-Lymphe getränkten Nadeln kann die Impfung auch gleich geschehen, nach dem die eingetrocknete Materie mit nicht zu warmen Wasserdämpfen oder durch wiederholtes Anhauchen erweicht wurde.

3. Mittelst kleiner gläserner Röhrchen, worin sich der Impfstoff durch längere Zeit frisch erhält.

Diese Röhrchen sind von nicht sehr dickem Glase mit einem geschlossenen Ende und einer entgegengesetzten Mündung, deren Ränder etwas nach aussen vorstehen, in der Länge von 1—1½ Zoll und im Lichte etwas weiter als der eines grössern Thermometers. Die Lymphe wird mit einer gefurchten Impfnadel aus der angestochenen Kuhpocke aufgefasst und tropfenweise in das Röhrchen eingetragen, bis dieses beinahe voll ist.

Mit Wachs oder Glaserkitt wohl verschlossen in einer Federspuhle aufbewahrt, und an einem kühlen, finstern Orte gehalten, bleibt die Materie sehr lange flüssig, und wenn sie sich etwas verdickt haben sollte, darf man nur den geöffneten Tubulus über lauwarme Wasserdämpfe halten, wodurch die Flüssigmachung alsobald erfolgt.

Statt obiger Glasröhren kann man sich auch der in mehreren Ländern gebräuchlichen spindelförmigen feinen Glasröhrchen, sogenannten Haarröhrchen bedienen

Die Methode sich derselben zum fraglichen Zwecke zu bedienen, ist folgende:

Man setzt das längste Ende eines solchen Haarröhrchens in einem bedeutend stumpfen Winkel in den Tropfen Lymphe der geöffneten Pustel, ohne jedoch die Spitze derselben in die Pustel selbst tiefer einzusenken. Hört die Einsaugung eher auf, als das Röhrchen gefüllt ist, weil die feine Oeffnung durch verdickte Lymphe sich gefüllt hat, so streichet man das einsaugende Ende gelinde zwischen zwei Fingern, oder bricht sehr wenig von demselben ab, und lässt auf diese Art das Röhrchen sich füllen. Die Verschliessung der Enden der Röhrchen geschieht auf die vorbesagte Art, und man schützet dieselben vor dem Abstossen und Zerbrechen, indem man selbe in eine Federspuhle gibt, und in feine Horn- oder Holzspäne legt.

Um die Lymphe zum Gebrauche herauszubringen, bricht man die beiden Enden der Röhrchen etwa eine halbe Linie lang ab, hält den Bauch derselben mit einer Pinzette, setzt einen steifen sehr dünnen Strohhalm, oder einen feinen messingenen Tubulus über die Spitze, so dass er den Bauch der Röhre einschliesst, blässt nun ganz gelinde die Lymphe auf eine Glasplatte, von welcher man ohne Verzug, wie aus einer Pustel impft.

§. 10. Der Impfstoff muss aufgesammelt werden, wenn er noch im durchsichtigen serösen Zustande ist, das ist bei einem regelmässigen Verlaufe der Kuhpocken beiläufig vom 6ten bis 9ten Tage.

§. 11. Hat man den Impfstoff nach der im §. 9 Nr 1 und 2 angegebenen Methode im trockuen Zustande aufbewahrt, so lässt sich nicht genau bestimmen, wie lange dieser getrocknete Impfstoff seine Kraft erhalte. Man impfte damit nach 2, ja zuweilen nach 4, 6 und noch mehr Monaten mit Erfolg, doch ist man dessen um so sicherer, je jünger der Impfstoff ist.

Besitzt man aber Impfstoff nach der Methode Nr. 3, §. 9, in kleinen gläsernen Röhrchen im flüssigen Zustande aufbewahrt, und hat man bei der Aufsammlung alle Vorsichtsmassregeln beobachtet, so kann damit, der Erfahrung zu Folge, selbst nach 11 Monaten mit dem besten Erfolge geimpft werden.

Um aber in jenen Fällen, wo man sich getrockneten Impfstoffes bedienen muss, von dem Erfolge der allgemein vorzunehmenden Vaccination (z B. bei ausbrechenden Pocken-Epidemien) sicherer zu sein, soll sich der Impfarzt zuerst in einem oder dem andern Kinde frische Materie bereiten und mit dieser dann das Impfgeschäft weiter fortsetzen.

§. 12. Sollte die Kuhpocken-Impfung das leisten, was durch selbe für die Menschheit bewirkt werden kann, d. i. grösstmöglichste Verminderung, und endlich gänzliche Ausrottung der Kinderblattern; so muss selbe allgemein verbreitet werden. Dies kann nur geschehen, wenn

Erstens das Volk in Hinsicht derselben richtige Begriffe erlangt, und die Vortheile davon kennen lernt, wonach es nicht fehlen kann, dass die Kuhpocken-Impfung nicht allgemein Eingang finden sollte.

Zweitens müssen aber für das bereitwillige Volk auch allenthalben Impfärzte in zureichender Zahl vorhanden sein, durch welche es, und besonders der minderbemittelte Theil desselben, dieser Wohlthat unentgeldlich theilhaft werden kann.

§. 13. Ersteres kann vorzüglich bewirkt werden:

a) Durch Seelsorger, Volkslehrer und Schullehrer. Zwei Mal des Jahres soll diese Angelegenheit vorschriftsmässig von der Kanzel dem Volke an's Herz gelegt werden; aber auch ausserdem sollen die erstgenannten Classen von Menschen keine Gelegenheit, wozu Todesfälle an Kinderblattern ganz besonders geeignet sind, ungenützt lassen, die Menschen für die Kuhpocken-Impfung empfänglich zu machen, und zwar um so mehr, da Privat-Unterredungen gewöhnlich leichter Eingang finden als der Unterricht von der Kanzel.

b) Durch das Beispiel der Güterbesitzer, der oberen Classen von Menschen, der Landesbeamten, welches um so wirksamer sein wird, wenn das gemeine Volk Gelegenheit erhält, an deren Kindern den Verlauf der Kuhpocken-Impfung zu beobachten. Diese sollen daher der an ihren Kindern vorgenommenen Impfung die grösstmöglichste Publicität geben.

c) Durch Volksschriften, welche unentgeltlich zu vertheilen sind, aus welchen der unterrichtetere Theil des Volkes theils für sich selbst Ueberzeugung schöpfen, theils so viel Kenntniss von der Sache erlangen kann, dass er im Stande ist, seine Ueberzeugung auch auf Andere zu übertragen. Sehr gut zu diesem Zwecke ist die vom Grafen Hugo v. Salm verfasste Volksschrift: „Was sind die Kuhpocken, und wozu nützen sie? Von einem Freunde der Menschheit und theilnehmenden Mitbürger, zweite Auflage. Brünn bei Gastl." Hierher gehört auch die vergleichende Uebersicht der natürlichen Blattern, der geimpften Blattern und der Kuh- oder Schutzblattern in Rücksicht ihrer Wirkungen auf einzelne Personen und auf die menschliche Gesellschaft, welche die Jenner'sche Gesellschaft in London herausgab und Graf Harrach in's Deutsche übersetzte. Beide könnten zusammen gedruckt vertheilt werden.

Endlich sollte gleich bei der Taufe (bei Juden bei der Beschneidung) eines neugebornen Kindes, wo die Empfindungen der Eltern meist höher gestimmt, und die Besorgnisse für das soeben erhaltene Kind immer grösser sind, ein dahin Bezug habender Unterricht, in Form eines Briefes, von dem Seelsorger an die Eltern ausgetheilt werden. Diese Volksschriften müssen in allen Sprachen, deren sich die österreichischen Unterthanen als Muttersprache bedienen, übersetzt werden.

d) Ungeblatterte, welche nicht ein Certificat der überstandenen Kuhpocken-Impfung aufweisen können, sollen kein Stipendium erlangen. auch in kein öffentliches unentgeltliches Erziehnngs-Institut u. s. w. aufgenommen werden können. Auch sind jene Personen, welche um Betheiligungen von den Armen-Instituten anlangen, oder dieselben bereits geniessen, wenn sie die periodischen Beträge abholen, zu befragen: ob sie ihre Kinder haben vacciniren lassen? wobei ihnen im Verneinungsfalle zu bedeuten ist, dass sie ihre Kinder um so gewisser bei erster Gelegenheit vacciniren lassen, und sich darüber mit den Impfungszeugnissen auszuweisen haben, als im widrigen Falle ihnen nicht nur keine neue oder grössere Betheilung mehr ertheilt, sondern die bereits zugewiesene entzogen werden würde.

e) Den Seelsorgern ist es zur Pflicht zu machen, bei der Impfung in ihrem Kirchsprengel zu erscheinen, um sowohl hierdurch als noch mehr durch Gründe der Moral und Religion dem Volke Beruhigung und Zutrauen zu der Impfung einzuflössen.

Ebenso sind die Ortsbehörden verpflichtet, einen Beamten bei jeder Hauptimpfung gegenwärtig sein zu lassen, so wie auch der Gemeindevorstand künftig hierbei zu erscheinen hat. Beide haben ferner das dem Impfarzte angeordnete Tagebuch, worin vorzüglich die echten Impfungen ersichtlich zu machen sind, nach jedem Tage bei der Impfung und bei der Nachsicht mit Gewissenhaftigkeit zu unterfertigen, welche Unterfertigung und Bestätigung auch dem Seelsorger zur Pflicht gemacht wird.

f) Die Zöglinge der Waisenhäuser, und von was immer für Versorgungsanstalten des Staates, müssen alle vaccinirt werden im Falle sie der Vaccination noch bedürfen.

§. 14. Um in den Provinzen eine zureichende Anzahl thätiger Impfärzte zu erhalten, soll es

a) allen Kreisärzten, Stadt- und Land-Physikern zur besonderen Pflicht gemacht werden, die Kuhpocken-Impfung nach ihren Kräften zu verbreiten, und bei allen minder Bemittelten selbe unentgeltlich vorzunehmen.

b) Allen Aerzten und Wundärzten, welche nicht schon laut §. 4 zur Impfung befähigt sind, und daher auch erst darum in den Hauptstädten bei der Landesstelle, im Kreise aber beim betreffenden Kreisamte ansuchen, soll, wenn im ersten Falle der an der öffentlichen Impfanstalt angestellte Arzt, im letztern aber der Kreisarzt dazu einrathet, die Erlaubniss zur Kuhpocken-Impfung ertheilt werden.

c) Alle Aerzte und Wundärzte, welche beim Kreisarzte oder bei dem an der öffentlichen Impfanstalt in der Hauptstadt angestellten Arzte sich melden, um den erforderlichen Unterricht in der Kuhpocken-Impfung einzuholen, müssen auch zu demselben zugelassen werden, und Niemand darf, bei schwerer Ahndung, abgewiesen werden.

d) Auf Impfärzte, welche sich durch die Kuhpocken-Impfung besondere Verdienste erwerben, soll bei Beförderungen Rücksicht genommen werden, auch sollen den ausgezeichnetsten ausserordentliche Belohnungen ertheilt werden.

e) Für Gegenden, wo der Kreisarzt, die Land-Physiker und Wundärzte nicht zureichen, sollen eigene Impfärzte bestimmt und zur Impfung dahin abgesandt werden, um vom halben April bis Ende October daselbst allgemein Kuhpocken-Impfungen vorzunehmen.

§. 15. Kinderblatter-Impfungen dürfen nirgends und unter keinerlei Bedingung vorgenommen werden, da selbe sehr ansteckend sind und daher so leicht verbreitet werden.

§. 16. In Hinsicht der Ausweise über Kuhpocken-Impfung ist sich folgender Massen zu benehmen:

a) Die Kreisämter erhalten von den Kreis- oder anderen Impfärzten ganzjährig mit Ende November die Impfungsausweise in Tabellenform; Kreisämter sowohl als Impfärzte werden daher mit hierzu geeigneten gedruckten Tabellen nach Erforderniss betheilet.

b) Gleichzeitig mit den erst erwähnten Ausweisen der Impfärzte müssen die Dominien und Magistrate verlässliche Namensverzeichnisse der Individuen, welche auf ihren Gütern oder in Städten die Kuhpocken im Jahre echt überstanden haben, an die Kreisämter einsenden, wozu sie Muster-Tabellen erhalten.

Hierdurch wird eine Controlle gegen die Berichte der Impfärzte erlangt.

c) Die Kreisämter haben ihre Ausweise (denen die Ausweise der Impfärzte beigeschlossen sein müssen, welche sie aber wieder zurück erhalten) längstens bis Ende Januar des neu eintretenden Jahres an die Landesstelle zu befördern, auch in dem Falle, wenn ein Dominium oder Magistrat in Einsendung seines Verzeichnisses zurück geblieben wäre, von welchem die Kreisämter ohnehin auch später den erforderlichen Gebrauch machen können.

d) An die Hofstelle werden von den Länderstellen ganzjährige Provinz-Ausweise, welche nach der beigeschlossenen Muster-Tabelle verfasst sein müssen, längstens bis 1. Mai des nämlichen Jahres eingesendet.

Die kreisämtlichen Eingaben sind diesen Provinz-Ausweisen nur in solchen Fällen beizulegen, in welchen die Landesstelle aus besonderen Ursachen hierzu sich verpflichtet hält.

— — ——

1 h. Aus der Impf-Instruction für Niederösterreich (mit Ausschluss Wiens und dessen Polizei-Rayons)

[von der k. k. niederösterreichischen Statthalterei unterm 10. Mai 1879, Z. 15278, erlassen].

Die öffentliche Impfung findet an den von den Impfärzten zu bestimmenden Tagen auf den festgesetzten Impf-Sammelplätzen statt, und ist in folgender Weise vorzunehmen:

1. Jeder Gemeinde-Vorstand hat von dem Pfarramte (resp. wenn eine Orts-Gemeinde zu mehreren Pfarren eingepfarrt ist, von den betreffenden Pfarrämtern) ein von demselben unterzeichnetes namentliches Verzeichniss der seit 1. März des Vorjahres bis 1. März des Impf-Jahres geborenen Kinder, in welchem die bereits wieder verstorbenen und todtgeborenen Kinder mit angegeben sind, einzuholen, und diesem Verzeichnisse einen namentlichen Ausweis beizufügen, in welchem die durch Einwanderung zugewachsenen, durch Auswanderung in Abfall gekommenen Impflinge, sowie die während der angegebenen Zeitperiode in Familien anderer Confessionen geborenen Kinder enthalten sind.

Ferner sind sämmtliche in der Gemeinde ungeimpft Verbliebenen durch Conscription von Haus zu Haus namentlich zu verzeichnen.

Diese Ausweise hat der Gemeinde-Vorstand dem öffentlichen Impf-Arzte bis spätestens 15. März zu übergeben.

2. Der Impfarzt hat sämmtliche in diesen Ausweisen als zugewachsen aufgeführten Impflinge, sowie die aus dem Vorjahre wegen Krankheit oder

wegen Ausbleibens nicht geimpft Verbliebenen, und die im Vorjahre ohne Erfolg geimpften Kinder, sowie andere behufs Vornahme der Impfung am Impfsammelplatze erscheinende Personen in dem Impfjournale aufzunehmen.

In der Rubrik: „Geimpft mit Stoff von" ist die Herkunft des Stoffes genau ersichtlich zu machen, so zwar, dass bei Abimpfungen in dieser Rubrik der Stammimpfling durch Angabe seines Postnummers im Impfjournale zu bezeichnen ist.

Die Impfung mit Kälberlymphe ist in der Rubrik „Anmerkung" unter Anführung der Protokollsnummer des Impfstoffträgers ersichtlich zu machen.

3. Sobald der Tag der Vornahme der öffentlichen Impfung von dem Impfarzte festgesetzt und dem Gemeindevorstande angezeigt wurde, hat Letzterer mittelst Kundmachung den Tag der Impfung den Eltern oder Pflegeparteien der Impflinge bekannt zu geben und dieselben aufzufordern, ihre impfpflichtigen Kinder an dem bestimmten Tage zur Vornahme der Impfung, und am achten Tage darauf, an welchem Tage auch die früher am Erscheinen verhinderten Kinder geimpft werden, behufs Constatirung des Erfolges der Impfung am Impfsammelplatze vorzuführen.

Ebenso sind die Eltern oder Pflegeparteien jener Kinder, welche aus dem Vorjahre wegen Krankheit oder wegen Ausbleibens ungeimpft verblieben, oder bei welchen im Vorjahre die Impfung erfolglos blieb, zur rechtzeitigen Vorführung ihrer Kinder zur Hauptimpfung aufzufordern. In derselben Kundmachung wird auch die Bevölkerung unter Hinweis auf die Vortheile der Wiederimpfung als bewährten Schutzmittels gegen Blattern-Erkrankung zur Revaccination (Wiederimpfung) eingeladen, welche nach erfolgter Anmeldung hiezu am Tage der Hauptimpfung oder am Revaccinationstage oder an einem anderen vom Impfarzte zu bestimmenden Tage vorzunehmen sein wird.

4. Sowohl bei der Hauptimpfung, als auch bei der Revision der Geimpften hat von jeder zu einem Impfsammelplatze zugewiesenen Gemeinde ein Mitglied des Gemeindevorstandes persönlich an der Impfstation gegenwärtig zu sein, welches im Sinne des Gesetzes vom 30. April 1870 (R.-G.-Bl. Nr. 68), betreffend die Organisation des öffentlichen Sanitäts-Dienstes §. 4, lit. d, den Impfarzt bei Vollführung des Impfgeschäftes auf das kräftigste zu unterstützen hat. Dem Gemeindevorstande des Impfsammelplatzes obliegt es, rechtzeitig ein zur Vornahme der öffentlichen Impfung geeignetes Locale auszumitteln.

5. Sämmtliche Impfärzte haben ihren Bedarf an Anfangslymphe, sowie den, für die Vorimpfung in Aussicht genommenen Tag längstens bis 30. März jeden Jahres der vorgesetzten politischen Behörde anzuzeigen. Der zur Vornahme der Vorimpfung erforderliche Impfstoff wird dem Impfarzte unmittelbar zugesendet, wobei bemerkt wird, dass der Impfstoffbedarf nur durch Versendung trockener Lymphe, sowohl Kinder-, als Kälberlymphe, gedeckt wird; die Impfärzte haben den zugeschickten Impfstoff ehemöglichst nach seinem Einlangen zur Vorimpfung zu verwenden, sind jedoch verpflichtet, soweit dies nur immer möglich ist, sich selbst durch Sammlung und entsprechende Aufbewahrung mit guter Stammlymphe zu versorgen.

Bei der Abnahme des Impfstoffes von Kindern ist ein besonderes Augenmerk zu richten:

a) auf die vorgängige Prüfung der Stammimpflinge und wo möglich ihrer Eltern hinsichtlich etwaiger Syphilis
b) auf die genaue Untersuchung des ganzen Körpers und der Impfpusteln selbst beim Stammimpflinge,
c) auf die sorgfältige Reinhaltung der Instrumente,
d) auf die Vermeidung jeder Blutung bei Abnahme des Impfstoffes aus der Pustel
e) auf die Vermeidung der Abimpfung von Kindern vor Ablauf der ersten Lebensmonate.

6 Mit Ende October jeden Jahres ist das Impfjournal, welches zur Verzeichnung der von dem Impfarzte öffentlich wie privat vorgenommenen Impfungen dient, nach den einzelnen Impfsammelplätzen summarisch abzuschliessen. Von Aerzten, welche keine Impfung vorgenommen haben, ist die negative Anzeige terminmässig an ihre Gemeindevorstehung zu erstatten ; von den übrigen aber ist sowohl das Impfjournal, als das Impfstoff-Versendungsjournal einzusenden ; das letztere haben auch alle Impfstoffverkäufer vorzulegen

Das Impfjournal, Impfstoff-Versendungsjournal, der summarische Ausweis (Tabelle 0), die pfarr- und gemeindeamtlichen Ausweise, der Bericht über die bei der Impfung gemachten Erfahrungen, sowie die Impfreise-Particularien sind, versehen mit der Bestätigung des Gemeinde-Vorstehers, spätestens bis 15. November jeden Jahres an die politische Bezirksbehörde einzusenden.

2. Das deutsche Impfgesetz vom 8. April 1874.

§. 1. Der Impfung mit Schutzpocken soll unterzogen werden
1. jedes Kind vor dem Ablaufe des auf sein Geburtsjahr folgenden Kalenderjahres, sofern es nicht nach ärztlichem Zeugniss (§. 10) die natürlichen Blattern überstanden hat ;
2. jeder Zögling einer öffentlichen Lehranstalt oder einer Privatschule, mit Ausnahme der Sonntags- und Abendschulen, innerhalb des Jahres, in welchem der Zögling das zwölfte Lebensjahr zurücklegt, sofern er nicht nach ärztlichem Zeugnisss in den letzten 5 Jahren die natürlichen Blattern überstanden hat oder mit Erfolg geimpft worden ist.

§. 2. Ein Impfpflichtiger, welcher nach ärztlichem Zeugniss ohne Gefahr für sein Leben oder für seine Gesundheit nicht geimpft werden kann, ist binnen Jahresfrist nach Aufhören des diese Gefahr begründeten Zustandes der Impfung zu unterziehen.

Ob diese Gefahr noch fortbesteht, hat in zweifelhaften Fällen der zuständige Impfarzt (§. 6) endgiltig zu entscheiden.

§ 3. Ist eine Impfung nach dem Urtheile des Arztes (§. 5) erfolglos geblieben, so muss sie spätestens im sechsten Jahre und, falls sie auch dann erfolglos bleibt, im dritten Jahre wiederholt werden.

Die zuständige Behörde kann anordnen, dass die letzte Wiederholung der Impfung durch den Impfarzt (§. 6) vorgenommen werde.

§ 4. Ist die Impfung ohne gesetzlichen Grund (§§ 1, 2) unterblieben, so ist sie binnen einer von der zuständigen Behörde zu setzenden Frist nachzuholen.

§ 5. Jeder Impfling muss frühestens am sechsten, spätestens am achten Tage nach der Impfung dem impfenden Arzte vorgestellt werden.

§. 6. In jedem Bundesstaate werden Impfbezirke gebildet, deren jeder einem Impfarzte unterstellt wird.

Der Impfarzt nimmt in der Zeit vom Anfang Mai bis Ende September jeden Jahres an den vorher bekannt zu machenden Orten und Tagen für die Bewohner des Impfbezirks Impfungen unentgeltlich vor. Die Orte für die Vornahme der Impfungen, sowie für die Vorstellungen der Impflinge (§. 5) werden so gewählt, dass kein Ort des Bezirks von dem nächst gelegenen Impforte mehr als 5 Kilometer entfernt ist.

§. 7. Für jeden Impfbezirk wird vor Beginn der Impfzeit eine Liste der nach §. 1, Ziffer 1, der Impfung unterliegenden Kinder von der zuständigen Behörde aufgestellt. Ueber die auf Grund des § 1, Ziffer 2, zur Impfung gelangenden Kinder haben die Vorsteher der betreffenden Lehranstalten eine Liste anzufertigen.

Die Impfärzte vermerken in den Listen, ob die Impfung mit oder ohne Erfolg vollzogen oder ob und weshalb sie ganz oder vorläufig unterblieben ist.

Nach dem Schlusse des Kalenderjahres sind die Listen der Behörde einzureichen.

Die Einrichtung der Listen wird durch den Bundesrath festgestellt.

§. 8. Ausser den Impfärzten sind ausschliesslich Aerzte befugt, Impfungen vorzunehmen.

Sie haben über die ausgeführten Impfungen in der im §. 7 vorgeschriebenen Form Listen zu führen und dieselben am Jahresschluss der zuständigen Behörde vorzulegen.

§. 9. Die Landesregierungen haben nach näherer Anordnung des Bundesraths dafür zu sorgen, dass eine angemessene Anzahl von Impfinstituten zur Beschaffung und Erzeugung von Schutzpockenlymphe eingerichtet werde.

Die Impfinstitute geben die Schutzpockenlymphe an die öffentlichen Impfärzte unentgeltlich ab und haben über Herkunft und Abgabe derselben Listen zu führen.

Die öffentlichen Impfärzte sind verpflichtet, auf Verlangen Schutzpockenlymphe, soweit ihr entbehrlicher Vorrath reicht, an andere Aerzte unentgeltlich abzugeben.

§. 10. Ueber jede Impfung wird nach Feststellung ihrer Wirkung (§. 5) von dem Arzte ein Impfschein ausgestellt. In dem Impfschein wird, unter Angabe des Vor- und Zunamens des Impflings, sowie des Jahres und Tages seiner Geburt, bescheinigt, entweder

dass durch die Impfung der gesetzlichen Pflicht genügt ist, oder dass die Impfung im nächsten Jahre wiederholt werden muss.

In den ärztlichen Zeugnissen, durch welche die gänzliche oder vorläufige Befreiung von der Impfung (§. 1, 2) nachgewiesen werden soll, wird, unter der für den Impfschein vorgeschriebenen Bezeichnung der Person, bescheinigt aus welchem Grunde und auf wie lange die Impfung unterbleiben darf.

§. 11. Der Bundesrath bestimmt das für die vorgedachten Bescheinigungen (§. 10) anzuwendende Formular.

Die erste Ausstellung der Bescheinigungen erfolgt stempel- und gebührenfrei.

§. 12. Eltern, Pflegeeltern und Vormünder sind gehalten, auf amtliches Erfordern mittelst der vorgeschriebenen Bescheinigungen (§. 10) den

Nachweis zu führen, dass die Impfung ihrer Kinder und Pflegebefohlenen erfolgt oder aus einem gesetzlichen Grunde unterblieben ist.

§. 13. Die Vorsteher derjenigen Schulanstalten, deren Zöglinge dem Impfzwange unterliegen (§. 1, Ziffer 2), haben bei der Aufnahme von Schülern durch Einfordern der vorgeschriebenen Bescheinigungen festzustellen, ob die gesetzliche Impfung erfolgt ist.

Sie haben dafür zu sorgen, dass Zöglinge, welche während des Besuches der Anstalt, nach §. 1, Ziffer 2 impfpflichtig werden, dieser Verpflichtung genügen.

Ist eine Impfung ohne gesetzlichen Grund unterblieben, so haben sie auf deren Nachholung zu dringen.

Sie sind verpflichtet, vier Wochen vor Schluss des Schuljahres der zuständigen Behörde ein Verzeichniss derjenigen Schüler vorzulegen, für welche der Nachweis der Impfung nicht erbracht ist.

§. 14. Eltern, Pflegeeltern und Vormünder, welche den nach §. 12 ihnen obliegenden Nachweis zu führen unterlassen, werden mit einer Geldstrafe bis zu zwanzig Mark bestraft.

Eltern, Pflegeeltern und Vormünder, deren Kinder und Pflegebefohlene ohne gesetzlichen Grund und trotz erfolgter amtlicher Aufforderung der Impfung oder der ihr folgenden Gestellung (§, 5) entzogen geblieben sind, werden mit Geldstrafe bis zu fünfzig Mark oder mit Haft bis zu drei Tagen bestraft.

§. 15 Aerzte und Schulvorsteher, welche den durch §. 8, Absatz 2, §. 7 und durch §. 13 ihnen auferlegten Verpflichtungen nicht nachkommen, werden mit Geldstrafe bis zu einhundert Mark bestraft.

§. 16. Wer unbefugter Weise (§. 8) Impfungen vornimmt, wird mit Geldstrafe bis zu einhundertfünfzig Mark oder mit Haft bis zu vierzehn Tagen bestraft.

§. 17. Wer bei der Ausführung einer Impfung fahrlässig handelt, wird mit Geldstrafe bis zu fünfhundert Mark oder mit Gefängnissstrafe bis zu drei Monaten bestraft, sofern nicht nach dem Strafgesetzbuch eine härtere Strafe eintritt

§. 18. Die Vorschriften dieses Gesetzes treten mit dem 1. April 1875 in Kraft.

Die einzelnen Bundesstaaten werden die zur Ausführung erforderlichen Bestimmungen treffen

Die in den einzelnen Bundesstaaten bestehenden Bestimmungen über Zwangsimpfungen bei dem Ausbruch der Pockenepidemie werden durch dieses Gesetz nicht berührt.

Ueber die **Impfbestimmungen in einigen anderen Ländern** lasse ich hier P f e i f f e r ' s Zusammenstellung folgen:

In England ist erst 1840 die Blatterninoculation gesetzlich verboten worden. Die „Vaccinationsacte" besteht seit 1863 mit einem Zusatzgesetz von 1871. Es wird fast ausschliesslich von Arm zu Arm geimpft. Der Stoff wird durch das oberste Gesundheitsamt beschafft. Jeder Armverband stellt einen public vaccinator und einen Vaccinationsinspector an. Jedes Kind muss innerhalb der ersten 3 Monate geimpft und 8 Tage später revidirt werden. Revaccination ist nicht obligatorisch.

In Frankreich wurde 1809 unter Napoleon ein Impfgesetz erlassen. Gegenwärtig leitet das Impfwesen ein Vaccinationscomité unter Controle der Académie de médécine. Die Impfärzte in den Provinzen werden mit Lymphe versorgt. Impfzwang fehlt, ist aber neuerdings angeregt worden. Die Impfungen werden noch vielfach durch Hebammen ausgeführt.

In Italien wurde 1809 durch Sacco das Waisenfindelhaus zu Mailand als Impfinstitut eingerichtet. Die Impfung ist ohne directen Zwang in der Bevölkerung sehr verbreitet. Durch das neue Sanitätsgesetz sind die Impfgeschäfte der Aufsicht der Municipalgesundheitscommission unterstellt.

In Dänemark, Norwegen, einzelnen Cantonen der Schweiz besteht nur wie in Oesterreich, indirecter Impfzwang, in Schweden hingegen und anderen Cantonen der Schweiz directer.

In Russland wird trotz vorhandenen Impfzwanges das Impfwesen nur mangelhaft, anderseits in den Niederlanden und Belgien, wo die Impfung nicht obligatorisch ist, gut gehandhabt.

In Nordamerika fehlt Impfzwang In einzelnen Staaten, z. B. New-York wird nur Impfung für jedes Schulkind verlangt. Dessenungeachtet wurden während der Blatternepidemien 1869 bis 1871 durch die boards of health grossartige Massenimpfungen mit gutem Erfolg ausgeführt. Angestellte Inspectoren controliren die Lymphabnahme von den Pusteln und Lymphabgabe an die Impfer.

3. Beschlüsse der deutschen Impf-Commission vom Jahre 1884.

A. Beschlüsse betreffend den physiologischen und pathologischen Stand der Impffrage.

1. Das einmalige Ueberstehen der Pockenkrankheit verleiht mit seltenen Ausnahmen Schutz gegen ein nochmaliges Befallenwerden von derselben.

2. Die Impfung mit Vaccine ist im Stande, einen ähnlichen Schutz zu bewirken.

3. Die Dauer des durch Impfung erzielten Schutzes gegen Pocken schwankt innerhalb weiter Grenzen beträgt aber im Durchschnitt zehn Jahre.

4. Um einen ausreichenden Impfschutz zu erzielen, sind mindestens zwei gut entwickelte Impfpocken erforderlich.

5. Es bedarf einer Wiederimpfung nach Ablauf von zehn Jahren nach der ersten Impfung.

6 Das Geimpftsein der Umgebung erhöht den relativen Schutz, welchen der Einzelne gegen die Pockenkrankheit erworben hat. und die Impfung gewährt demnach nicht nur einen individuellen, sondern auch einen allgemeinen Nutzen in Bezug auf Pockengefahr.

7. Die Impfung kann unter Umständen mit Gefahr für den Impfling verbunden sein.

Bei der Impfung mit Menschen-Lymphe ist die Gefahr der Uebertragung von Syphilis. obwohl ausserordentlich gering. doch nicht gänzlich ausgeschlossen. Von anderen Impfschädigungen kommen nachweisbar nur accidentelle Wundkrankheiten vor.

Alle diese Gefahren können durch sorgfältige Ausführung der Impfung auf einen so geringen Umfang beschränkt werden, dass der Nutzen der Impfung den eventuellen Schaden derselben unendlich überwiegt.

8. Seit Einführung der Impfung hat sich keine wissenschaftlich nachweisbare Zunahme bestimmter Krankheiten oder der Sterblichkeit im Allgemeinen geltend gemacht, welche als eine Folge der Impfung anzusehen wäre.

B. Beschlüsse betreffend die allgemeine Einführung der Impfung mit Thier-Lymphe.

1. Da die mit der Impfung mit Menschen-Lymphe unter Umständen verbundenen Gefahren für Gesundheit und Leben der Impflinge (Impf-syphilis, Impferysipel u. s. w.) durch die Impfung mit Thier-Lymphe, so weit es sich um directe Uebertragung der Syphilis oder der accidentellen Wundkrankheiten handelt, vermieden werden können, und da die Impfung mit Thier-Lymphe in der Neuzeit so weit vervollkommnet ist, dass sie der Impfung mit Menschen-Lymphe fast gleichzustellen ist, so hat die Impfung mit Thier-Lymphe an Stelle der mit Menschen-Lymphe zu treten.

2. Die allgemeine Einführung der Impfung mit Thier-Lymphe ist allmählich durchzuführen, und zwar sind unter Zuhülfenahme der bisher gewonnenen Erfahrungen Anstalten zur Gewinnung von Thier-Lymphe in einer dem voraussichtlichen Bedarfe entsprechenden Anzahl zu errichten.

Sobald der Bedarf an Thier-Lymphe seitens einer solchen Anstalt gesichert ist, sind die öffentlichen Impfungen in dem betreffenden Bezirke mit Thier-Lymphe auszuführen.

3. Für die Einrichtung und den Betrieb der Anstalten sind folgende allgemeine Bestimmungen massgebend:

a) Die Anstalt ist der Leitung eines Arztes zu unterstellen.

b) Die Lymphe wird den Impfärzten kosten- und portofrei überlassen.

c) Es ist gestattet, an Stelle der sogen. genuinen Vaccine die Retro-vaccine zu benutzen.

d) Die Lymphe ist nicht eher an die Impfärzte abzugeben, als bis die Untersuchung der geschlachteten Thiere welche die Lymphe lieferten, deren Gesundheit erwiesen hat

e) Ueber Alter, Pflege und Wartung der Kälber, Zeit und Art der Lympheabnahme, Methode der Conservirung, der Aufbewahrung, des Versandts u. s. w. werden durch eine Commission von Sach-verständigen specielle Instructionen ausgearbeitet.

www.ingramcontent.com/pod-product-compliance
Lightning Source LLC
Chambersburg PA
CBHW022030190326
41519CB00010B/1660